SOUKAINA HAKKOU
Mohamed Sabir
Nadia Machouri

Desenvolvimento do ecoturismo dos recursos naturais

SOUKAINA HAKKOU
Mohamed Sabir
Nadia Machouri

Desenvolvimento do ecoturismo dos recursos naturais

Plantas aromáticas e medicinais da região de Rabat-Salé-Kénitra

ScienciaScripts

Publisher:
Sciencia Scripts
is a trademark of
Dodo Books Indian Ocean Ltd., member of the OmniScriptum S.R.L Publishing group
str. A.Russo 15, of. 61, Chisinau-2068, Republic of Moldova Europe
Printed at: see last page
ISBN: 978-620-4-79301-6

Índice

PREFÁCIO

O Reino de Marrocos é um dos países mais biodiversificados da bacia mediterrânica. As diversidades orográficas, climáticas, edáficas e paisagísticas, bem como a importância da extensão latitudinal, estão na origem desta riqueza em recursos naturais. A sua valorização deve contribuir para reduzir a pobreza das populações rurais, aliviar a pressão antrópica sobre estes recursos, lutar contra a desertificação e preservar as paisagens. Este objectivo exige o conhecimento das potencialidades e da sua localização geográfica. De facto, as disparidades regionais em termos de potencial natural em termos de flora e fauna são bastante significativas. A região de Rabat-Salé-Kénitra, situada no noroeste do Reino e na costa atlântica, é bastante rica em recursos naturais em comparação com outras regiões. Isto constitui um trunfo para o seu desenvolvimento.

O papel da investigação científica no apoio às regiões territoriais e no fornecimento de instrumentos de tomada de decisão já não está em questão. Esta missão só pode ser realizada no quadro de uma colaboração eficaz e sustentável entre as instituições de investigação e estas entidades administrativas. É nesta visão que o projecto "Desenvolvimento geo-ecoturístico do património natural na região de Rabat-Salé-Kenitra" constituiu uma parceria original entre a região de Rabat-Salé-Kenitra e a Faculdade de Letras e Ciências Humanas da Universidade Mohamed V. Um dos principais objectivos deste projecto era adquirir conhecimentos sobre plantas aromáticas e medicinais na região e investigar as possibilidades da sua valorização a fim de contribuir para o desenvolvimento sustentável da região. A equipa de cientistas responsáveis por este eixo estava consciente da importância dos esforços a serem feitos em termos de investigação documental, inquéritos de campo e análise de dados para alcançar este objectivo. Foi necessário encontrar uma pessoa trabalhadora, disciplinada e inteligente para liderar esta missão no seio da equipa.

A menina Hakkou Soukaina, uma aluna de mestrado muito brilhante, com a sua paixão pela natureza, foi a estudante escolhida para desempenhar este papel. Conseguiu perfeitamente com a produção deste documento, ao qual associou generosamente os seus supervisores. O tempo gasto no trabalho não lhe interessava. Teve oportunidade de recolher e consultar todos os estudos de gestão florestal da região, de prospectar todas as florestas não geridas, de se encontrar e consultar todos os cientistas que trabalham na região e de visitar todos os serviços florestais. Levantou os actores envolvidos nos dois principais produtos locais da região, a trufa de Maâmora e a lavanda Oulmès.

O documento apresenta um inventário exaustivo e espacializado das florestas e plantas aromáticas e medicinais da região de Rabat-Salé-Kénitra. Fornece um mapa global de todas as florestas da região, um instrumento essencial para a tomada de decisões para a gestão sustentável destes recursos a nível regional. Além disso, especifica os MAPs para cada floresta. Estas duas ferramentas de conhecimento espacializado das potencialidades serão muito úteis para a comunicação entre utilizadores, conselhos provinciais e municipais, empresas e serviços florestais para a instalação das novas "organizações locais de desenvolvimento florestal" (ODFL), que são elementos importantes para a implementação da nova estratégia florestal "Forêts du Maroc 2020-30".

O documento apresenta também propostas para o desenvolvimento do ecoturismo destes recursos, integrando os conhecimentos culinários e medicinais locais com circuitos bem estudados, incluindo sítios ecológicos, arqueológicos e históricos.

Como engenheiro agrícola e florestal, especialista em desenvolvimento rural, antigo director da Escola Nacional de Engenheiros Florestais e antigo director do Centro de Recursos do Pilar 2 (CRP 2) do Plano Marrocos Verde, considero que este documento fornece elementos importantes para o desenvolvimento territorial da região e para a preservação dos seus recursos naturais.

Prof. Sabir Mohamed
Escola Nacional de Engenheiros Florestais, Salé
Reino de Marrocos

INTRODUÇÃO

Desde que o homem existe nesta terra, tem explorado a natureza para sobreviver. É uma parte indispensável da nossa existência, fornecendo alimentação, vestuário e abrigo. Entre os produtos naturais que o homem tem explorado e continua a explorar até hoje estão as plantas aromáticas e medicinais (MAP). O homem antigo desenvolveu remédios para as suas doenças com base nestas plantas, uma vez que não havia alternativa à medicina tradicional. Estes remédios são um património precioso que foi transferido de uma civilização para outra e de uma geração para outra como uma habilidade ancestral. É ainda hoje utilizado. De facto, a Organização Mundial de Saúde estima que a medicina tradicional cobre as necessidades de cuidados de saúde primários de 80% da população dos países em desenvolvimento (Vines 2004).

Em Marrocos, os MAPs constituem um sector rico e diversificado. Foram inventariadas mais de **4.200** espécies de plantas vasculares, das quais **800** são endémicas e **400** são utilizadas para fins aromáticos e/ou medicinais. No entanto, apenas **280** espécies são exploradas (Neffati e Sghaier, 2014).

A produção marroquina do PAM é muito importante, contribuindo para o emprego através da criação de **500.000** dias de trabalho por ano nas zonas rurais. Em média, gera vendas anuais de cerca de **5,3** milhões de dirhams para uma quantidade de cerca de **33.000** toneladas/ano (HCEFLCD, 2016).

Esta produção permitiu a Marrocos ser o 12^{éme} exportador a nível mundial. Em 2014, as exportações do PAM atingiram **233** milhões de dirhams e **139** milhões de dirhams para óleos essenciais. O principal destino é o mercado da União Europeia (UE), com uma recente abertura a outros mercados, tais como Japão, Canadá, Suíça, Espanha e Alemanha (Baba, 2015).

A posição e interesse nos MAPs deve-se principalmente aos seus múltiplos usos e funções. Para além das suas propriedades medicinais, as MAPs são utilizadas em preparações culinárias, na indústria de perfumes e cosméticos, bem como na preparação de produtos higiénicos e na formulação de sabores.

Estes MAPs crescem principalmente na área florestal, que é um espaço rico e diversificado e cheio de diversidade biológica significativa resultante de uma grande diversidade bioclimática e geomorfológica. Com uma superfície de 9,6 milhões de hectares, dos quais 3,5 milhões são camadas alfatière, as florestas marroquinas cobrem **13,5%** do país (IFN, 2015).

Para a região de Rabat-Salé-Kénitra (RSK) como para Marrocos, os recursos florestais são de grande importância. Assim, as florestas naturais cobrem **351.290** ha, ou **18,5%** da área total da região (DGCL, 2014). São compostos por uma diversidade de espécies florestais, as mais importantes das quais são o sobreiro (*Quercus suber*), a azinheira (*Quercus rotundifolia*) e o cedro (*Tetraclinis atriculata*). O sobreiro, uma espécie endémica da zona mediterrânico-atlântica da bacia mediterrânica, é a mais importante e amplamente distribuída na região.

Esta diversidade de espécies reflecte-se na grande diversidade de MAPs associados a elas. Oferecem uma fonte alternativa de emprego para a população rural, que representa 80% da população total da região. Esta população fez da exploração dos MAPs uma oportunidade para satisfazer as suas necessidades e melhorar as suas condições de vida. No entanto, o impacto na população rural continua a ser fraco devido à falta de organização deste sector. Os principais beneficiários não são as populações locais.

Os MAPs existem tanto em estados espontâneos como cultivados. Estes últimos têm as mesmas virtudes e usos que os espontâneos. Embora os MAPs cultivados representem apenas 2% da produção nacional, são considerados a cultura mais adequada para regiões desfavorecidas, nomeadamente as zonas montanhosas (Goura, 2017). Nos países em desenvolvimento, o cultivo do MAP é visto como um meio de diversificar as actividades agrícolas e de criar emprego.

Apesar da sua importância, o sector MAP enfrenta várias dificuldades e continua pouco desenvolvido, o que leva à degradação destes preciosos recursos. É neste quadro que este estudo está a ser realizado, cujo objectivo global é contribuir para o conhecimento do MAP na região de Rabat-Salé-Kénitra através de uma abordagem cartográfica com vista à sua valorização. Para alcançar este objectivo, foram definidos os seguintes objectivos específicos

- Produzir um inventário cartográfico do PAM na região RSK;
- Estudar o sector do PAM através de dois estudos de caso: a lavanda de Oulmes e a trufa de Maâmora; e
- Contribuir para a valorização do PAM para o desenvolvimento socioeconómico da população rural que o utiliza.

Capítulo 1. Plantas aromáticas e medicinais em Marrocos

Introdução

A localização geográfica de Marrocos beneficia de uma diversidade de bioclimas mediterrânicos, dando-lhe uma riqueza considerável de recursos naturais, incluindo MAPs. Estes últimos são a base de um saber-fazer ancestral da medicina herbácea e da extracção de princípios aromáticos para diversos fins (Zrira, 2003).

O PAM desempenha um papel importante no desenvolvimento socioeconómico do país. Marrocos é um fornecedor tradicional para o mercado mundial. As exportações incluem plantas secas, óleos essenciais e extractos aromáticos. Estas exportações contribuem para o equilíbrio do comércio agrícola (Zrira, 2003; USAID, 2008; APDESPN, 2011).

O sector está a desfrutar de um interesse crescente, reflectido numa forte procura global de produtos MAP e MAP, e num número crescente de utilizadores em vários campos. Esta importância é bem merecida. Especialmente pelo seu papel na criação e diversificação do rendimento das populações rurais e pelas oportunidades de emprego que proporciona (USAID, 2008; Neffati e Sghaier, 2014).

O desenvolvimento do sector MAP está a tornar-se uma prioridade nacional e é considerado um objectivo-chave nas estratégias florestais e agrícolas de Marrocos. Assim, a adopção de uma política adequada no domínio da gestão, exploração e valorização do MAP pode conduzir aos objectivos desejados (USAID, 2008; APDESPN, 2011). A domesticação dos MAPs é também uma alternativa que permite a preservação dos recursos naturais e o desenvolvimento económico (Mértola, 2018).

O objectivo deste capítulo é apresentar o sector do PAM em Marrocos, a fim de realçar a sua diversidade e importância económica.

1. Informação geral sobre plantas aromáticas e medicinais

1.1. Definições de conceitos

1.1.1. O que é uma MAP de plantas aromáticas e medicinais

Uma planta medicinal e aromática é definida como *"qualquer planta utilizada pelas características do seu óleo essencial para diversos fins, como agente medicinal, perfume ou aroma alimentar". Pode ser utilizado para prevenir, aliviar ou curar certas perturbações, doenças, etc., devido às suas propriedades particulares. Algumas plantas podem ter várias características ao mesmo tempo, pelo que é o uso que delas é feito, para fins terapêuticos, que confere ou não a qualidade de planta medicinal. Dadas estas, é muitas vezes difícil distinguir entre plantas aromáticas, condimentos e medicinais"* (Mutualité neutre de la santé en Belgique, 2012).

1.1.1.1. Plantas medicinais

As plantas medicinais *"são plantas utilizadas na medicina tradicional, pelo menos algumas das quais têm propriedades medicinais"* (Sanogo, 2006).

De acordo com a Ordem Nacional dos Farmacêuticos francesa (2014), as plantas medicinais *"são medicamentos vegetais que podem ser utilizados inteiros ou como parte de uma planta e têm propriedades medicinais. Alguns também podem ter usos alimentares, condimentos ou cosméticos"*.

1.1.1.2. Plantas aromáticas

As plantas aromáticas *"são todas plantas indígenas ou aclimatadas, exploradas pelos aromas que emitem e destinadas a uso alimentar ou culinário, para a preparação de bebidas e para a extracção de óleos essenciais que não os destinados à perfumaria"* (Zrira, 2007).

1.1.1.3. O óleo essencial

As plantas aromáticas com as suas características específicas e odores característicos oferecem a possibilidade de extrair os seus óleos altamente procurados para utilização na preparação de vários produtos.

O óleo essencial é definido como "um *líquido normalmente destilado (geralmente por vapor) das folhas, caules, flores, casca, raízes, sementes, frutos ou outras partes de uma planta". Utilizando diferentes tecnologias, os óleos essenciais estão disponíveis em mais de 3.000 plantas, das quais cerca de 300 são de importância comercial"* (TIPS e USAID, 2008).

A norma AFNOR define óleos essenciais como *"produtos obtidos a partir de uma matéria-prima vegetal quer por destilação a vapor, quer por processos mecânicos, quer por destilação a seco"* (AFNOR, 1989).

1.2.   História de utilização de MAPs

A utilização de MAPs para a cura remonta ao início da vida na terra. As antigas civilizações da China, Índia, Grécia e Egipto desenvolveram esta utilização tradicional:

- Os antigos egípcios conheciam as propriedades das plantas medicinais e dos óleos aromáticos. Utilizavam-nos para uso pessoal, bem como para rituais e festivais em templos e pirâmides. O Ebers Papyrus do antigo Egipto, datado de 1500 AC, conhecido como o "pergaminho medicinal", menciona mais de 800 prescrições e remédios baseados em plantas (Paris e Moyse, 1976);

- Os chineses são conhecidos pela sua medicina herbácea. Vários manuscritos antigos chineses descrevem numerosas receitas de ervas e óleos aromáticos usados por padres e médicos da época (Wong, 1969);
- Os romanos estavam interessados no MAP. Estavam familiarizados com a técnica da fumigação para perfumar os seus templos, edifícios oficiais e óleos aromáticos para perfumar os seus banhos (Benjilali e Zrira, 2005). Os romanos compilaram uma lista de mais de 500 espécies MAP (Forey, 1989);
- Os índios, de acordo com as ordens do rei budista Azoka, fizeram dos MAPs o objecto de uma cultura regulada organizada (IIIème século a.C.) (Hmamouchi, 1999).

Na medicina árabe-muçulmana, as MAPs têm despertado grande interesse. Assim, mais de 37 plantas foram indicadas pelas suas virtudes e benefícios para o corpo humano por grandes estudiosos que marcaram a história da medicina árabe-muçulmana. Entre os médicos muçulmanos mais famosos podemos citar (Hmamouchi, 1999):

- Abu Bakr Muhammed Ibn Zakaria Arrazi (865-925): o primeiro estudioso muçulmano a interessar-se pela farmacopeia;

- Abu Ali Ibn Sina (Avicenna, 980-1037): dedicou o seu livro o _Kitab Al Qanûn fi Al-Tibb_ ("Livro de Leis Médicas") à farmacologia e ao ensino de remédios naturais simples;

- Ibn Albaytar (1197-1248): O seu livro mais importante é "_Al Jamii li moudradat Al Adwiya Wa Al Aghdia_ " . Durante as suas viagens na Andaluzia e Marrocos, trouxe de volta uma série de plantas que observou;

- Al Bayruni (973-1048): Ele escreveu várias obras, a mais importante das quais é 'Assaydalah' (Farmácia);

- Abu Jaafar Ahmed Ben Mohames Al Ghafiki: tem um livro intitulado "Al Adwiya Al mofradah" que consiste em dois volumes;

- Daoud Al Antaki (Morreu em 1600): Tem várias obras incluindo o "Tadkirat Ouli Albab Wa Al Jamii Lilâajab Lâujab fi Attib".

Na Europa, a utilização de ervas medicinais nos alimentos era altamente recomendada para proteger contra possíveis doenças. A partir do final do século XVIII, a evolução do pensamento associada ao desenvolvimento das ciências da botânica, química e farmacologia em particular, abriu um novo caminho na medicina herbácea (Forey, 1989).

1.3.   Áreas de utilização do MAP

Pelo nome, uma planta aromática e medicinal tem a capacidade de curar e produzir aromas, mas a utilização destas plantas não se detém aí. Actualmente, existe um interesse progressivo na utilização de MAPs em muitos campos e indústrias. Isto deve-se ao facto de as pessoas estarem à procura de substâncias naturais que não têm efeitos secundários na sua saúde.

1.3.1. Medicina tradicional

Segundo a Organização Mundial de Saúde OMS (2014) a medicina tradicional é "*o conjunto de conhecimentos e práticas, explicáveis ou não, para diagnosticar, prevenir ou eliminar um desequilíbrio físico, mental ou social baseado exclusivamente na experiência vivida e na observação transmitida de geração em geração, oralmente ou por escrito*".

A medicina tradicional baseada na utilização de plantas aromáticas e medicinais existe em vários tipos. Assim, falamos principalmente de fitoterapia, que consiste em preparar remédios a partir de fármacos de origem vegetal, e de aromaterapia, que consiste em tratar os doentes utilizando óleos essenciais (Hmamouchi, 1999).

1.3.2. Perfumaria e cosmetologia

Desde os tempos antigos, certas plantas têm sido utilizadas pelas suas fragrâncias e cheiros irresistíveis. Hoje em dia, este sector tornou-se cada vez mais importante com a indústria moderna de perfumaria e cosmética. Esta indústria depende principalmente de extractos de plantas, quer sejam águas florais ou óleos essenciais, para além de produtos sintéticos para alcançar as fórmulas desejadas.

Nesta indústria, existem três sectores principais:

- Perfumaria industrial (detergentes), este sector consiste na perfumação de roupa, produtos de lavagem de louça e produtos de limpeza com extractos aromáticos de certas plantas, tais como lavanda, alecrim e laranja azeda;
- Cosmética e perfumaria de gama baixa: este sector consiste no fabrico de produtos para o cabelo e para o corpo (champôs, sabonetes, loções, etc.) utilizando extractos de plantas aromáticas;

- Perfumaria alcoólica (perfumes de alta gama): O fabrico deste tipo de produto requer a utilização extensiva de óleos essenciais e outros extractos de plantas aromáticas (Benjilali e Zrira, 2005).

1.3.3. Indústria alimentar

As plantas aromáticas e os seus extractos são actualmente utilizados na conservação de alimentos, devido ao facto de algumas especiarias e plantas aromáticas, bem como alguns óleos essenciais e extractos aquosos resultantes da infusão da planta terem capacidade antifúngica (Beraoud, 1990).

Alguns óleos essenciais, como o alecrim e o tomilho, são utilizados para controlar a flora criptogâmica que se desenvolve nos produtos alimentares (Pellecuer, 1976).

Existe uma sinergia anti-séptica entre certos compostos de óleos essenciais, por um lado, e o sal, açúcar ou ácidos gordos, por outro (Kurita e Koike, 1982).

2. O sector das plantas aromáticas e medicinais em Marrocos

Os marroquinos sempre tiveram a sua terapêutica especial. No entanto, a verdadeira farmacopeia marroquina teve origem durante o período da conquista muçulmana do mundo europeu, no ano 711 (92 AH). O desenvolvimento deste conhecimento deve-se ao interesse académico dado a este campo através da universidade islâmica Al-Qarawiyine, as "Medersas" de Marraquexe, Fez, Tetouan e Salé, e as "Zaouïas" de Ouazzane em Smara. Em 1893, os diplomas emitidos pela Universidade Al-Qarawiyine, consistiam no facto de que os candidatos tinham de conhecer as plantas, ervas medicinais e flores, as suas virtudes activas ou negativas, os seus nomes, os seus géneros e as suas espécies. A influência da medicina dos países vizinhos (pessoas dos rios Senegal e Níger, população ibérica), também contribuiu para a diversidade dos conhecimentos terapêuticos marroquinos, conferindo assim ao país uma originalidade, um génio e um potencial importante em termos de receitas aplicáveis (Hmamouchi, 1999).

2.1.   Tipos de MAP em Marrocos

A produção de MAPs é de dois tipos: plantas espontâneas, que representam a quase totalidade da produção marroquina, e plantas cultivadas, cuja parte permanece muito baixa.

2.1.1. Plantas espontâneas

A exploração de plantas espontâneas está sujeita a dois regimes principais. A primeira diz respeito à exploração sujeita a autorização administrativa. Isto diz respeito à exploração de plantas (como a murta e o rosmaninho) que crescem na propriedade florestal gerida pelo Alto Comissariado para a Água, Florestas e Luta contra a Desertificação (HCEFLD). E plantas (tais como a artemísia branca) que crescem em terras comunitárias tradicionais geridas pelo Ministério do Interior. A fim de garantir a protecção das áreas naturais e dos seus recursos e de os desenvolver em benefício das populações locais em regiões desfavorecidas. As direcções responsáveis delegam certas actividades relativas à produção e comercialização do PAM à população local e a empresas privadas. Assim, as cooperativas são responsáveis pela recolha e produção de acordo com especificações precisas. As empresas privadas são responsáveis pelo processamento e venda. O segundo regime diz respeito à exploração de acesso aberto em terrenos privados. A colheita é feita pela população local. Neste caso, o risco é que as práticas de colheita possam ter impactos negativos na sustentabilidade das espécies (tais como Ormenis, pennyroyal, orégãos e tansy anual) (Benjilali e Zrira, 2005; USAID, 2008).

2.1.2. Plantas de cultivo

O cultivo de MAPs é generalizado em várias regiões do país e diz respeito a cerca de trinta espécies. De acordo com Zrira (2003), existem três categorias de MAP cultivadas:

- Plantas cultivadas para as suas sementes, tais como coentros, cominhos, funcho e anis;
- Plantas cultivadas para as suas folhas, tais como verbena, menta e salsa; e
- Plantas cultivadas para outras partes, tais como açafrão, rosa e jasmim.

De acordo com Al Faiz (2015), a localização da cultura deve ter em consideração o objectivo final. Assim, para uma cultura destinada à produção de óleos essenciais, são preferíveis regiões ensolaradas e explorações relativamente grandes. Se a cultura se destinar ao mercado da desova, deve de preferência estar perto de um mercado importante. Em geral, para assegurar o sucesso de uma plantação, é melhor optar pela gama natural da planta a ser domesticada.

2.2.O sector do PAM em Marrocos

2.2.1. Os actores do sector

Há muitos actores no sector do MAP em Marrocos. Assim, existem seis níveis de actores: **colectores** da região de produção, **intermediários** com capital e um circuito de comercialização, geralmente com unidades industriais, **cooperativas RTE** que efectuam o processamento inicial das matérias-primas de acordo com os equipamentos e meios à sua disposição, **ervanários** que operam na ervanária, especiarias finas e óleos essenciais, **industriais** que podem pertencer quer a investidores marroquinos quer a empresas estrangeiras especializadas em RTE, a grande maioria das quais exporta a sua produção, e finalmente **laboratórios : Estes são os laboratórios (por exemplo,** especializados na produção de produtos para consumidores, tais como cosméticos, medicamentos, perfumes e produtos alimentares) (Zrira, 2003).

2.2.2. O método de marketing

Existem dois canais de marketing. A primeira diz respeito à venda directa ao consumidor final através de laboratórios, ervanários e prescritores. Este canal representa apenas uma pequena parte e diz respeito apenas a produtos prontos a serem utilizados. O segundo canal diz respeito ao comércio a granel. Isto envolve a exportação de MAPs para mercados internacionais através de empresas. Estas empresas asseguram o controlo de qualidade, limpeza e classificação do produto antes da sua embalagem final, predominando esta última. Este é o canal mais dominante (USAID, 2008).

2.3. Produção do PAM marroquino

2.3.1. Produção e área dos MAPs mais importantes

A produção anual marroquina de MAP eleva-se a 40.000 toneladas com um volume de negócios de cerca de 1 bilião de dirhams. É também produzida anualmente uma quantidade de 5.000 toneladas de óleos essenciais e produtos de perfume, gerando uma receita de 500 milhões de dirhams (Al Faiz, 2015).

Alecrim e artemísia são as duas plantas mais produzidas a nível nacional, com uma área de 217.642 ha e 59.500 ha respectivamente e uma produção de 100.012 toneladas e 55.004 toneladas (Quadro 1).

Quadro 1. Produção média anual e área de diferentes MAPs (Fonte: DDF, 2013)

Espécie	Área (ha)	Produção (toneladas)
Rosemary	217 642	100 012
Wormwood	59 500	55 004
Cabo	27 202	27 748
Tomilho	12 004	3 607
Coriander	2967	9077
Árvore de alfarroba	6 217	20 244
Alfazema	5 452	771

2.3.2. Exportações marroquinas no PAM

2.3.2.1. Quantidades de plantas aromáticas e medicinais exportadas

As exportações marroquinas do PAM estão a aumentar, tanto em termos de valor como de volume. Assim, passaram de 792 328 000 DMS para 32 732 toneladas em 2008 para 908 150 000 DMS para 49 070 toneladas em 2012 (gráfico 1).

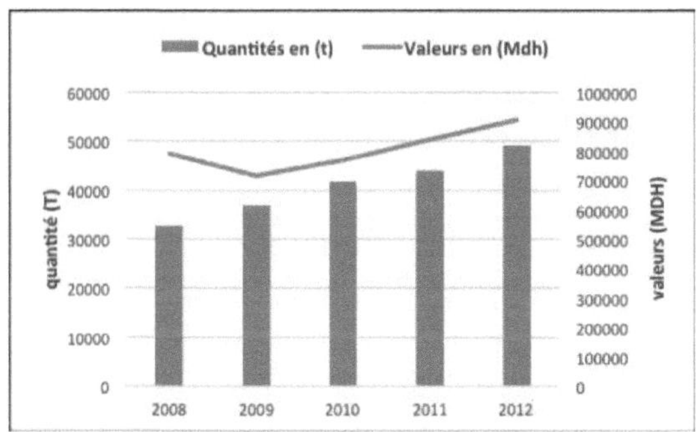

Gráfico 1. Evolução das exportações globais em toneladas e milhares de dirhams de plantas aromáticas e medicinais (2008-2012) (Fonte: EACCE, 2013) .

A França é o destino mais importante para as exportações marroquinas, apesar do declínio registado, tendo passado de mais de metade (57%) em 2009 para 51% em 2013. O resto é partilhado entre Itália, Alemanha, Estados Unidos, Bélgica e Espanha. Segundo a UNCTAD (2015), outros países constituem também um destino para as exportações marroquinas, tais como a Índia, Canadá, Turquia e China (Figura 2).

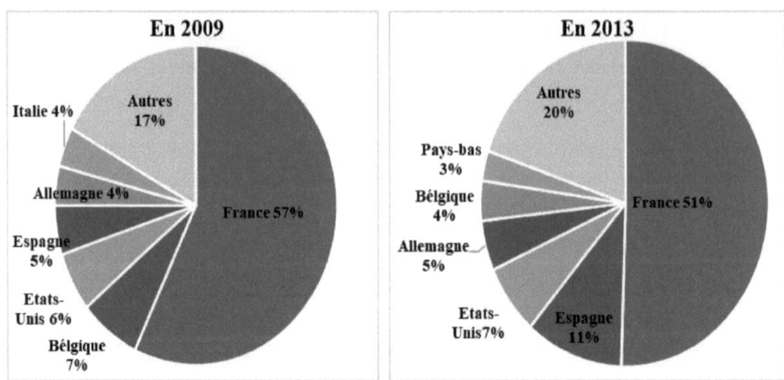

Gráfico 2. Mercados de exportação de plantas aromáticas e medicinais e óleos essenciais entre 2009 e 2013 (UNCTAD, 2015) .

2.3.2.2. Óleos essenciais e extractos aromáticos exportados

As exportações marroquinas de óleos essenciais são caracterizadas por flutuações significativas. A figura 3 mostra a evolução dos volumes e valores do total das exportações marroquinas de óleos essenciais entre 2006 e 2014. Estes óleos são essencialmente derivados da destilação da MAP ou da extracção por solventes. Os volumes exportados variam entre 697 T em 2006 e 752 T em 2015, com um volume médio anual de 714 T. Os valores das exportações têm as mesmas variações que os volumes de exportação, que oscilam em torno de um valor médio de 236.617 mil DMS entre 167.731 mil DMS em 2006 e 266.968 mil DMS em 2015.

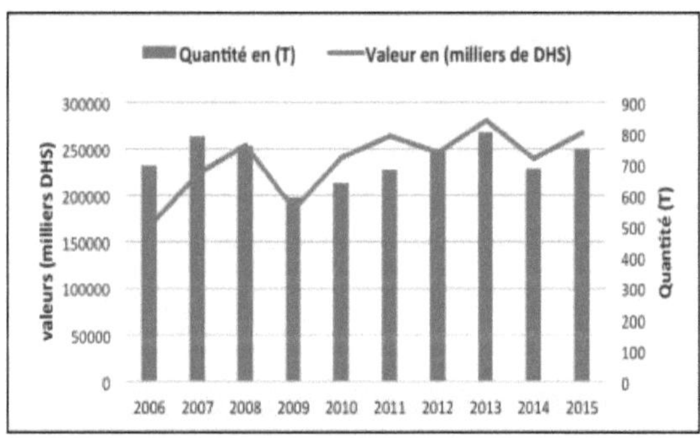

Gráfico 3. Evolução das exportações totais em peso (T) e valor (milhares de DMA) de óleos essenciais e extractos aromáticos (Fonte: OC, 2016)

Com 69% do volume total das exportações, a França é o principal mercado para estes óleos. A Espanha é o segundo destino (12%). Outros destinos são o Reino Unido (5%), os Estados Unidos (3%) e a Itália (3%).

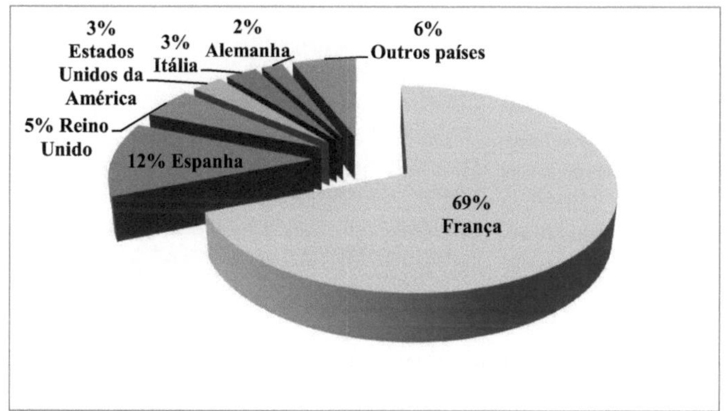

Gráfico 4. Países de destino das exportações totais de óleos essenciais por volume (kg)
(Fonte: OC, 2016)

2.4. A organização do sector do PAM em Marrocos

2.4.1. A criação de associações, cooperativas e federações.

Desde 1995, a organização do sector tem sofrido uma grande evolução. Várias organizações foram criadas para assegurar o desenvolvimento deste sector:

- A criação da Associação para o Desenvolvimento de Plantas Aromáticas e Medicinais de Marrocos (ADEPAM) em 1995;
- A criação da sociedade marroquina de plantas aromáticas e medicinais em 2006;
- A criação da Associação Marroquina de Herboristas em 2006;
- A criação de várias associações e cooperativas de mulheres;
- A criação de vários grupos de interesse económico (EIG) e cooperativas locais com o apoio da HCEFLCD;
- A criação da federação nacional das cooperativas de plantas aromáticas e medicinais em Marrocos (FENACOPAM) em 2015.

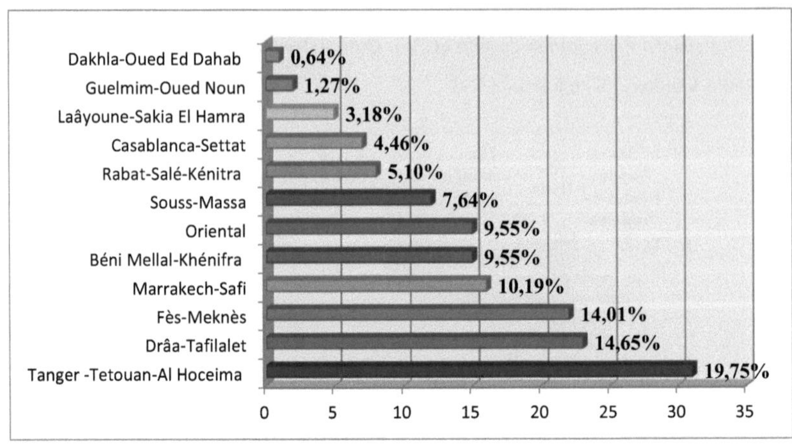

Gráfico 5 . Cooperativas do PAM por região, ano 2015
Fonte: (ODCO, 2017)

O número total de cooperativas do PAM em Marrocos é de 157, com um número de membros de 3715.

Tânger-Tetouan-Al Hoceima é a região com o maior número de cooperativas, com uma representação de **19,75%,** o que pode ser explicado pela riqueza dos ecossistemas desta região e pelo grande número de MAPs que acolhe. Isto pode ser explicado pela riqueza dos ecossistemas da região e pelo grande número de MAPs que acolhe. Depois, a região de Beni Mellal-Khénifra e a região de Oriental com a mesma representação **9,55%,** a região de Souss-Massa **(7,64%)** e Rabat-Salé-Kenitra **(5,10%)** e finalmente as regiões de Casablanca-Settat **(4,64%),** Laâyoune-Sakia El Hamra **(3,18%),** Guelmim-Oued Noun **(1,27%)** e Dakhla-Oued Ed Dahab **(0,64%)**

2.4.2. Estratégia de Desenvolvimento do MAP

Desde 2009, a HCEFLCD implementou uma estratégia de desenvolvimento para o sector baseada em vários pilares (Maazouz, 2016):

- *Consolidação dos conhecimentos actuais e seu desenvolvimento para abordar o mercado de uma forma profissional;*

- *Optimização da produção e comercialização para uma melhor valorização das MAPs marroquinas;*

- *Regulamentação, organização e incentivo do sector para preparar um quadro adequado e estimulante para os profissionais e protecção do recurso;*

- *Promoção e animação do sector, criando sinergias positivas com outros sectores; e*

- *Promoção das populações locais, preservação e gestão sustentável do recurso.*

Acima de tudo, trata-se de preparar o sector para fazer a transição de um fornecedor de matérias-primas não processadas para um verdadeiro sector industrial, oferecendo gamas de produtos de qualidade com elevado valor acrescentado, destinados tanto ao mercado local como internacional.

2.5.   Restrições ao desenvolvimento do sector do PAM em Marrocos

O sector das plantas aromáticas e medicinais enfrenta uma série de constrangimentos que precisam de ser tomados em consideração para ter sucesso em qualquer processo de valorização e desenvolvimento. Assim, notamos (Baba, 2015):

- A produção MAP depende dos riscos climáticos, o que influencia a regularidade da produção. Os conflitos de interesse também têm impacto na produção MAP (pastoreio, apicultura, herbalismo, etc.);
- Falta de conhecimento sobre o potencial de produção de MAPs e as diferentes formas de valorização, o que requer adaptação às exigências do mercado local e internacional e conhecimento das diferentes utilizações de MAPs;
- Falta de distribuição equitativa do valor acrescentado ao longo da cadeia de valor;
- Qualidade de produto não normalizada devido à falta de conhecimento das técnicas de processamento da MAP, e portanto não adaptada às exigências do mercado local e internacional;
- Exploração excessiva de MAPs devido ao pastoreio e limpeza para cultivo;
- A falta de coordenação entre a investigação no terreno e a sua gestão.

Conclusão

As plantas aromáticas e medicinais estão entre os produtos naturais mais utilizados. As suas características terapêuticas e aromas característicos fazem deles uma componente importante em vários sectores industriais. A sua utilização na farmacopeia remonta à antiguidade. Os MAPs são utilizados na medicina tradicional, em perfumaria e cosmetologia e na indústria alimentar.

Em Marrocos, os MAPs são encontrados em dois tipos. MAPs espontâneos, que são responsáveis por quase toda a produção, e MAPs cultivados. O sector MAP envolve vários actores, nomeadamente: coleccionadores, intermediários, cooperativas MAP, ervanários, industriais e laboratórios.

A produção anual marroquina de MAP eleva-se a 40.000 toneladas com um volume de negócios de cerca de mil milhões de dirhams. Além disso, é produzida uma quantidade de 5.000 T de óleos essenciais e produtos de perfume gerando uma receita de 500 milhões de dirhams. O alecrim e a artemísia são as duas plantas mais produzidas a nível nacional. A França é o destino mais importante para as exportações marroquinas.

A organização deste sector tem assistido à criação de várias organizações desde 1995. Uma estratégia de desenvolvimento foi implementada em 2009 pelo Alto Comissariado para a Água e Florestas e a Luta contra a Desertificação. Contudo, o sector enfrenta uma série de limitações ao nível da produção, conhecimento dos produtos e investigação científica. A coordenação entre investigação e gestão para a valorização do MAP pode ser uma solução para enfrentar todas as dificuldades.

Capítulo 2. Apresentação da região de Rabat-Salé-Kénitra

Introdução

A região de Rabat-Salé-Kénitra é o resultado da fusão das duas antigas regiões de Rabat-Salé-Zemmour-Zaêer e Gharb-Cherarda-Béni Hssen, de acordo com o Decreto n°2.15.10 de 20 de Fevereiro de 2015. Isto faz parte da última divisão territorial por que Marrocos optou, a fim de reduzir as disparidades territoriais entre regiões.

Este reagrupamento parece ser benéfico para a nova região, que parece estar consciente dos seus trunfos. Assim, a região, que durante muito tempo foi considerada como tendo apenas uma vocação administrativa e universitária, posiciona-se agora a nível turístico. Vários projectos foram inaugurados para alcançar este objectivo. A nomeação da capital marroquina, a cidade de Rabat, como símbolo cultural do país através de um plano quinquenal "Rabat Cidade da Luz, Capital Marroquina da Cultura", tem apoiado as suas orientações e reforçado a sua influência a nível nacional e internacional.

Para além dos seus monumentos históricos e culturais, a região RSK alberga um notável património natural e ambiental que oferece boas oportunidades para a promoção do ecoturismo.

1. Estatuto administrativo

A região de Rabat-Salé-Kénitra está localizada no noroeste do Reino de Marrocos (Mapa 1). Cobre uma área de 18,194 km^2. Faz fronteira a norte com a região de Tânger-Tetouan-Al Hoceima, a leste com a região de Fez-Meknes, a sul com a região de Beni Mellal-Khenifra e a região de Casablanca-Settat e a oeste com o Oceano Atlântico. O número de habitantes eleva-se a 4,581 milhões, ou uma densidade de 251,8 habitantes por km^2 (RGPH, 2014; DGCL, 2015).

A região tem três prefeituras: Rabat, Salé e Skhirate-Témara e quatro províncias: Kénitra, Khémisset, Sidi Kacem e Sidi Slimane. A capital da região é a prefeitura de Rabat.

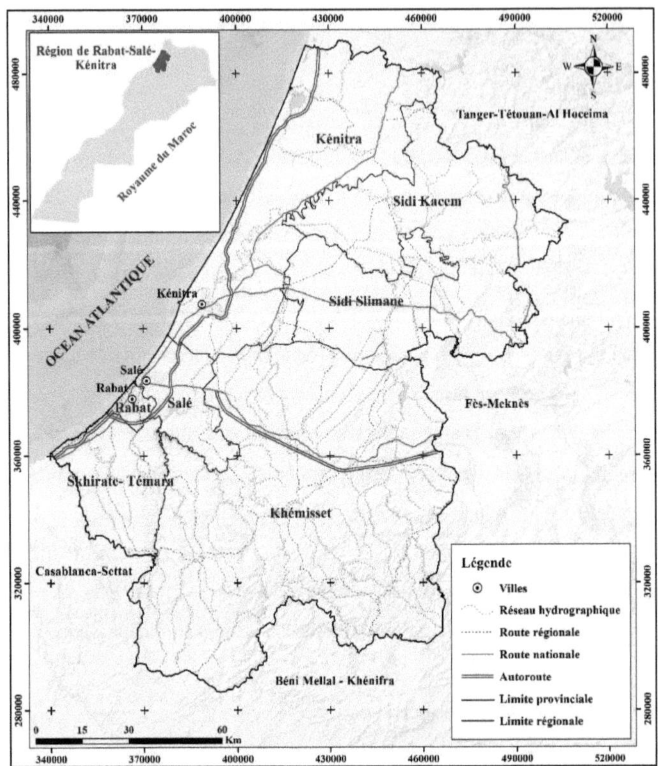

Cartão 1. Localização da região RSK

A região compreende 114 comunas, 23 das quais são urbanas e 91 rurais. Representa cerca de 7,6% de todas as comunas a nível nacional (DGCL, 2015).

2. Ambiente natural
2.1. Aspectos físicos
2.1.1. Geomorfologia

A situação geográfica da região RSK no domínio atlântico permite uma diversidade de unidades geomorfológicas e um relevo variado. Na sua parte norte, a região pertence à planície do Gharb e na sua parte sul à meseta marroquina. O planalto de Oulmès também se encontra no leste.

Na planície do Gharb, podem distinguir-se duas unidades geomorfológicas: a própria planície e o Sahel que a separa do Oceano Atlântico. A planície assume a forma de uma bacia triangular com um declive geralmente suave em direcção ao seu centro. É uma planície aluvial, preenchida em grande parte por sedimentos recentes. Diferentes formas geomorfológicas podem ser distinguidas no interior da planície. Assim, existem vastas depressões (merjas) que constituem superfícies de inundação; a própria planície, plana, com uma altitude ligeiramente elevada; as zonas de diques aluviais ao longo dos wadis principais e o Zrar glacis que se inclina suavemente para sudeste (Bryssine, 1966; Piqué et al, 1994).

O domínio mesociano que constitui o domínio da cadeia hercyniana de Marrocos. É constituído por uma cave paleozóica coberta por uma série Meso-Cenozóica não deformada. Parte da região pertence ao planalto central, que faz parte da Meseta Ocidental. Caracteriza-se por uma planície ligeiramente inclinada pela poderosa camada paleozoica (Piqué e Michard, 1981; Morsli et al. , 2015).

A linha costeira tem cerca de 165 km de comprimento. É constituída por costas baixas com praias e dunas arenosas, e costas com falésias ou planícies rochosas. Existem também várias bocas e planícies aluviais, como as bocas de Oued Sebou e Oued Bouregreg (DGCL, 2015; MAPM, 2017).

O planalto de Oulmès, que constitui um maciço montanhoso distinto do Atlas do Meio. É um antigo planalto alto. Caracteriza-se por um relevo muito desigual e fortemente mamelonizado e compartimentalizado por fracturas. Apenas o centro contém áreas planas. É constituída principalmente por xistos carboníferos, bem como pontos de quartzito e granito, e alguns fluxos de lava basáltica. Um complexo de rochas plutónicas e metamórficas estabelecidas durante a formação da cadeia de Hercynian. A altitude média do maciço é de 1200 metros (Gattefossé, 1932; Tahiri e Hoepffner, 1986).

2.1.2. Pedologia

A região é caracterizada por uma diversidade de tipos de solo (mapa 2). Há uma predominância de solos vermelhos à base de calcário, solos castanhos em depósitos de Plioceno, solos pouco desenvolvidos em sedimentos, solos de erosão pouco desenvolvidos em flysch e calcário velho, Vertisols feitos de calcário e argila e os de sedimentos e colúvios e solos hidromórficos em sedimentos e flysch. Há uma presença reduzida de outros tipos, nomeadamente: solos calcários, solos com pouca erosão feitos de calcário, solos isohúmicos, solos hidromórficos em argila e calcário, vertissolos em flysch e argila e solos vermelhos em rochas primárias e aqueles em depósitos pliocénicos. A região é dominada por "*tirs*" (solo muito fértil) no seu interior e areia na zona costeira (Aubert, 1950; Bryssine, 1966).

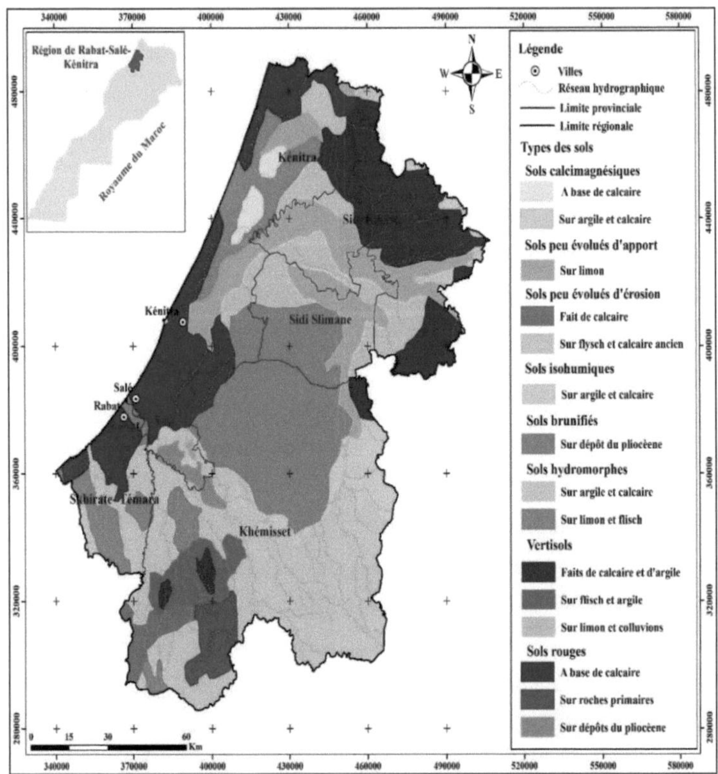

Cartão 2. Mapa morfopedológico (fonte: Watfeh et al., 2007)

2.1.3. Vegetação natural

Na região RSK, as florestas estão principalmente concentradas no centro e no sul (mapa 3). A parte norte é utilizada para fins agrícolas. Existe apenas uma floresta e algumas áreas reflorestadas. A província de Khémisset contém 72% destas florestas naturais. A província de Sidi Slimane tem 35% da área total reflorestada (52421,5 ha) (DGCL, 2015).

A floresta natural é constituída por vários povoamentos, incluindo *Quercus ilex* (Azinho), *Quercus suber* (Sobreiro), *Tetraclinis atriculata* (Thuja) e *Juneperus communis* (Zimbro). Outras espécies vegetativas são abundantes na região. Notamos a existência de : *Ziziphus lotus* (Jujube lotus); *Ferula communis* (Ferula comum); *Acacias gummifera*; *Pistacia atlantica* (Atlas Pistachio); *Rhus pentaphylla* (Sumac de cinco folhas); *Arbutus unedo* (Arbutus comum); *Cistus ladaniferus* (Cistus ladaniferous

Cistus); *Lavandula stoechas* (Lavanda stoechas); *Leucanthemum hosmariense* (margarida marroquina); Campanula (Campanula); Tulipa (Tulipa); Helianthemum (Helianthemum); Genista (Giesta) e *Asphodelus microcarpus* (Asphodel). Outras espécies endémicas incluem *Ruta graveolens* (Garden Rue); *Origanum vulgare* (Oregano) e *Thymus* (Thymes). Os cogumelos também são abundantes (Gattefossé, 1932).

A região inclui também dois locais de grande interesse biológico e ecológico (SIBE): a Merja Zerga e o lago Sidi Boughaba, listados ao abrigo da Convenção de Ramsar desde 1980.

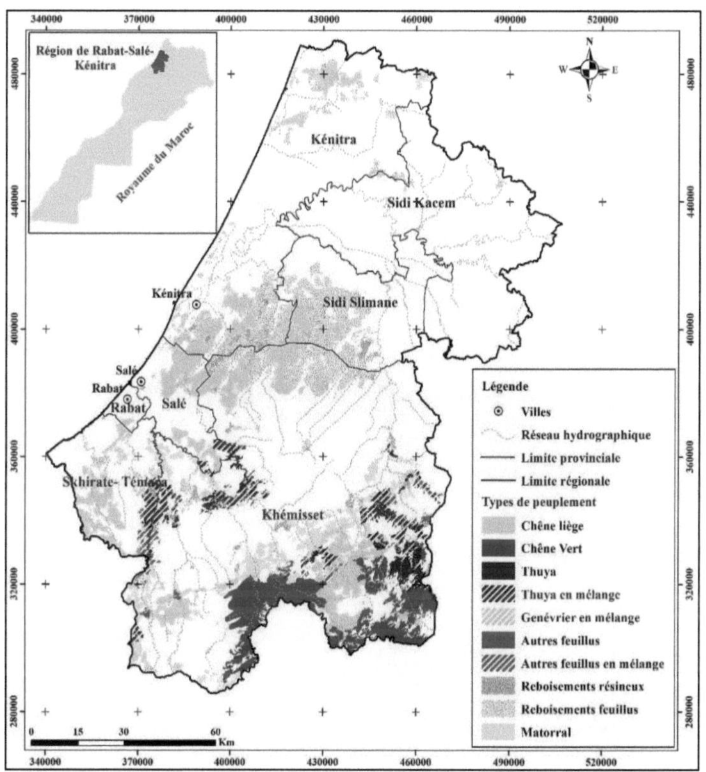

Cartão 3. Tipos de stands na região de Rabat-Salé-Kénitra (Fonte: IFN, 2015)

2.2. Aspectos climatológicos

A proximidade atlântica da região RKS influenciou o seu clima mediterrânico. O clima é mediterrânico com influência marítima ou oceânica continental. A influência oceânica diminui à medida que nos afastamos da costa e a influência continental torna-se mais perceptível. Há duas fases bioclimáticas. A primeira é a fase subúmida com Invernos temperados, que domina a faixa costeira e o planalto de Oulmes. A segunda é a fase semi-árida a temperada do Inverno, que domina a parte central e oriental. A estação fria e húmida dura até 7 meses, de Outubro a Abril. A precipitação média anual é de cerca de 600 mm na zona costeira e cai para 470 mm no sector Sidi Kacem. As temperaturas médias oscilam cerca de 16° e 27° no Verão. A temperatura mínima é de 4°C e a máxima de 40°C. Os picos de 38°C a 45°C são registados de tempos a tempos (Bryssine, 1966; Cornu, 2007; DGCL, 2015).

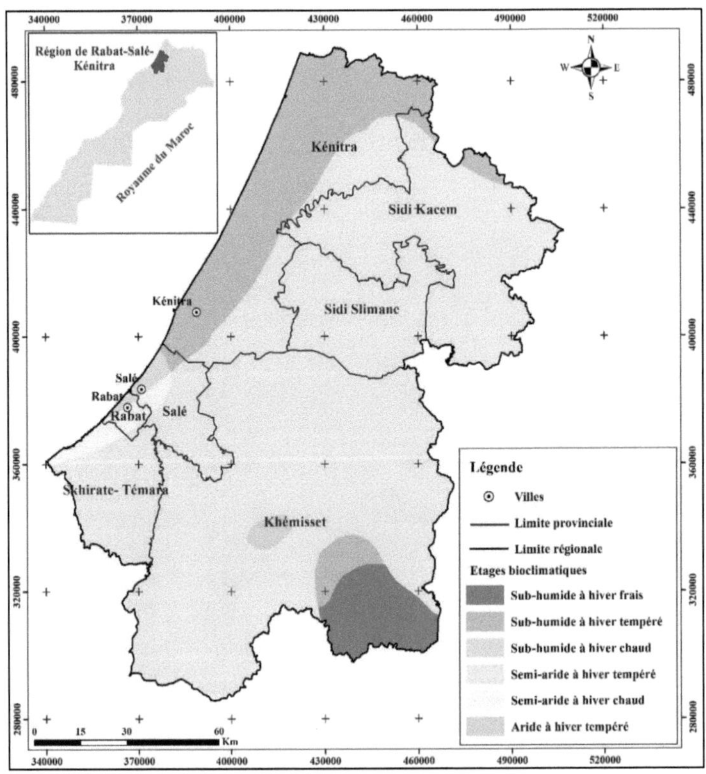

Cartão 4. Mapa das etapas bioclimáticas na região de Rabat-Salé-Kénitra (Fontes: Brignon e Sauvage, 1960; Benabid, 2000)

3. Ambiente humano

A região é dominada por três grandes tribos, Zaër, Zemmour e Béni Ahsen. A tribo de Zaër é de origem árabe de Bani Mâaqil de origem iemenita. Foi estabelecido em Rabat após vários movimentos no Alto Atlas. A tribo de Béni Ahsen, é de origem árabe de Bani Mâaqil também veio para Marrocos por volta do século XII. Instalaram-se na floresta de Maâmora e na planície do Gharb, no século XVII, provenientes da região de Sefrou. Por volta do século XVIII, os Beni Ahsen foram empurrados de volta para o Ocidente pela tribo Zemmour. Os Zemmour são uma poderosa confederação de tribos berberes. Ganharam este vasto território, que ocuparam no século XVIII, empurrando para trás a poderosa tribo Beni Ahsen durante gerações. Estão instalados no planalto de Khémisset vindos da região de Azrou e Ain Leuh (Atlas do Meio). Algumas tribos de Zemmour, como Ait Abbou, Ait Ouribel, Ait Yadine, Messaghra, instalaram-se desta forma por volta de 1830-1850 na parte que ocupam actualmente (Lesne, 1966). Existem outras origens humanas minoritárias na região. Estes incluem grupos humanos exógenos trazidos para a área para formar os exércitos 'Guich' dos sultões que se sucederam no trono do Império Cherifiano: Guich Loudaya ao sul de Rabat, Guich Cherarda no Gharb, etc.

A taxa de pobreza na região mostra uma desigualdade notável. Assim, é 10,08% para a província de Sidi Slimane e 0,69% para a prefeitura de Rabat (HCP, 2017).

A agricultura é a actividade económica mais praticada. Está classificado em 4º lugar a nível nacional pela importância da agricultura alimentada pela chuva (Bour). A superfície agrícola útil da região é de 1.019.369 ha, ou 12% da superfície agrícola do país. A província de Kenitra tem 56% desta área (DGCL, 2015).

A agricultura é frequentemente acompanhada pela criação de gado, que é uma importante fonte económica. O gado na região é principalmente gado bovino, ovino e caprino. O número total de bovinos, ovinos e caprinos em 2015-2016 foi de 3,364,641, 20,286,717 e 5,636,855.

Conclusão

Devido à sua posição no espaço atlântico, a região de Rabat-Salé-Kénitra é dotada de importantes potencialidades a vários níveis. A diversidade do relevo, clima e solos gera uma riqueza significativa de recursos naturais. Esta riqueza reflecte-se na importância dos ecossistemas florestais. Estes últimos estão concentrados no centro e no sul e são compostos por sobreiro, azinheira, Thuja e zimbro. A reflorestação também é importante, particularmente de eucaliptos. Os estratos arbustivo e herbáceo são muito diversificados e compostos por várias espécies dentro e fora destas florestas.

A economia da região baseia-se principalmente na agricultura, que é a base, dada a riqueza da região em terrenos agrícolas úteis, ou seja, 12% da superfície do país. A criação de gado, que é o segundo pilar da economia regional, consiste principalmente em gado bovino, ovino e caprino.

Em termos humanos, a região está enraizada na história tribal do Reino de Marrocos. Várias tribos ocuparam as suas terras férteis e estão na origem das muito diversas populações actuais. Assim, encontram-se principalmente as tribos de Zemmour, Béni Ahsen e Zaër.

A região RSK foi capaz de assegurar o seu desenvolvimento, aproveitando os seus trunfos e aproveitando as oportunidades que lhe são oferecidas. Foram desenvolvidos vários sectores que em tempos foram marginalizados, nomeadamente o turismo e o ecoturismo.

O desenvolvimento da região está a progredir. O desenvolvimento dos seus recursos naturais com base num conhecimento profundo dos mesmos é essencial para o seu desenvolvimento global.

Capítulo 3: Inventário das florestas da região de Rabat-Salé-Kénitra e das suas plantas aromáticas e medicinais

Introdução

Os recursos florestais são de elevado valor ambiental através da protecção dos solos contra a erosão e da luta contra a desertificação, em termos de biodiversidade através da riqueza dos seus ecossistemas e da diversidade de produtos e serviços que oferecem (MAP, madeira, néctar, cortiça, bolota, etc.) e em termos socioeconómicos através da criação de empregos para a população rural e da contribuição para a economia regional e nacional através da venda de cortiça, madeira e outros produtos não lenhosos.

No entanto, estas florestas constituem um ambiente natural e humanamente frágil. Expostas aos riscos climáticos, por um lado, e à acção humana através do sobrepastoreio, da colheita da madeira e do cultivo, por outro, as florestas estão a ser degradadas.

A degradação das florestas leva subsequentemente a uma redução da protecção ambiental e a menos produtos geradores de rendimentos para a população rural.

As plantas aromáticas e medicinais são produtos florestais ameaçados. No entanto, são importantes não só economicamente mas também pelas suas virtudes terapêuticas, que as tornam uma componente essencial da medicina tradicional a que as populações rurais se voltam sempre em primeiro lugar antes de pensarem em consultar um médico. Na maioria dos casos, estas plantas confirmam a sua eficácia.

Contudo, apesar da sua importância e influência positiva no ambiente rural, o sector do PAM sofre de muitos problemas que constituem um obstáculo ao seu desenvolvimento. Estes recursos merecem ser preservados e valorizados a fim de continuarem a desempenhar o seu papel e de garantirem a sua sustentabilidade para a próxima geração.

O conhecimento é o primeiro passo neste processo de valorização. O objectivo deste capítulo é fazer um inventário das florestas e das principais MAPs na região RSK, a fim de avaliar a sua importância.

1. Abordagem metodológica

O desenvolvimento deste capítulo baseou-se em três etapas:

Primeira etapa: Inventário das florestas na região de Rabat-Salé-Kénitra

O inventário foi baseado principalmente em dados do Departamento de Águas e Florestas. Foram realizadas entrevistas com as Direcções Regionais de Água e Florestas (DREF) de Rabat, Kenitra e Khémisset e com o Serviço Nacional de Inventário Florestal (SIFN) para obter os dados necessários para este trabalho, tais como o número de florestas, os seus nomes, as suas áreas de superfície, o seu estado de gestão e a direcção que as gere. Além disso, os planos de gestão das florestas que já são geridas foram utilizados para informações adicionais, tais como tipos de vegetação, solos e climas.

Etapa 2: Inventário das principais plantas aromáticas e medicinais

O inventário das MAPs espontâneas que crescem nas florestas da região RSK baseou-se principalmente na análise dos planos de gestão das 23 florestas geridas, e especialmente nos documentos das descrições das parcelas para identificar estas MAPs. Para as florestas ainda não geridas, ou para as quais não estava disponível um plano de gestão, foram consultados investigadores na área da ecologia vegetal, bem como artigos e livros que tratam da MAP na região. Foi também possível identificar as MAPs de certas florestas a partir das espécies florestais mais comuns, uma vez que as MAPs estão geralmente associadas a uma espécie específica no âmbito de grupos de plantas. Foram analisadas outras referências documentais, incluindo DREF Khémisset e Rabat (1992), DREF Khémisset (1992, 1999, 2001, 2005, 2006, 2013, 2017), Bellakhdar (1997), DREF Kénitra (2000), DREF Rabat (2001, 2005, 2007), Hseini e Kahouadji (2007), Benkhnigue et al, (2010), Salhi et al, (2010), Ghanmi et al, (2011), Bouayyadi et al, (2015), Alaoui e Laaribya (2017) e Sghir Taleb (2017).

Passo 3: Foram organizados levantamentos de campo em todas as florestas para verificar a informação recolhida na documentação. Durante estes inquéritos, são realizadas entrevistas com gestores florestais locais e algumas pessoas-recurso, incluindo colectores e ervanários, para verificar a existência de MAPs nas florestas visitadas.

2. Resultados e discussões

2.1. Inventário e mapa das florestas da região de Rabat-Salé-Kénitra

2.1.1. Inventário florestal da região RSK

A região de Rabat-Salé-Kenitra tem 31 florestas, a maioria das quais são geridas pela Direcção Provincial de Água, Florestas e Luta contra a Desertificação de Khémisset (DPEFLCD).

Quadro 2. Florestas na região de Rabat-Salé Kenitra

DPEFLCD	Floresta	Área aproximada (ha)	Estado de desenvolvimento	Principais formações vegetais
Rabat	Ben Abid	16100	Adaptado	Sobreiro, Thuja, Eucalipto, Pinho
	Cinto verde	1089	Não desenvolvido	Reflorestação.
	Wadi Laeteuch	4970	Adaptado	Sobreiro, Eucalipto, Pinho
	Sehoul	8395	Adaptado	Thuja, Sobreiro
	Temara	3893	Adaptado	Sobreiro, Pinho, Eucalipto
Kenitra	Gharb	6623	Adaptado	Sobreiro, Eucalipto, Pinheiro Bravo
Khémisset e Rabat	Maâmora	131945	Adaptado	Sobreiro, Eucalipto, Pinho
Khémisset	Achemach	5720	Adaptado	Azinheira, Cedro, Reflorestamento.
	Aït Alla East	7825	Adaptado	Sobreiro, azinheira, carvalho zen
	Aït Alla West	4955	Adaptado	Sobreiro, azinheira, Thuja
	Aït Hatem	24009	Adaptado	Sobreiro, azinheira, Thuja
	Aït Ichou East	2290	Adaptado	Sobreiro, azinheira.
	Aït Ichou West	9831	Adaptado	Sobreiro, Azinheira, Cedro, Reflorestação
	Bouregreg	14950	Adaptado	Sobreiro, Azinheira, Cedro, Reflorestação
	Bourzim	13662	Não desenvolvido	Sobreiro, Thuja.
	Campo de batalha	2330	Adaptado	Thuja, Eucalipto, Pinheiro Aleppo
	Cibara	6528	Adaptado	Thuja, Sobreiro

El Harcha	5174	Adaptado	Sobreiro, Azinheira, Thuja
El kansera	930	Adaptado	Thuja, Pinho de Alepo, Eucalipto
Houderrane	4717	Não desenvolvido	Sobreiro, Thuja, Pinho
El Khatouat	12600	Adaptado	Sobreiro, Azinheira, Thuja
Korifla	9220	Em desenvolvimento	Thuja, Eucalipto, Pinho
Ouchkett	4285	Adaptado	Thuja, Eucalipto, Pinheiro Aleppo
Wadi Beht	10120	Adaptado	Thuja, Eucalipto, Pinho
Wadi El Kell	1388	Adaptado	Thuja, Pinho
Oued Grou	30415	Não desenvolvido	Sobreiro, Azinheira, Pinheiro
Wadi Satour	1580	Não desenvolvido	Thuja
Sidi Larbi	3548	Em desenvolvimento	Pinho, Eucalipto
Tiddas	12056	Em desenvolvimento	Reflorestação
Timaksawin	16000	Adaptado	Sobreiro, Thuja, Pinho de Alepo
Zitchouine	24332	Adaptado	Sobreiro, azinheira, Thuja.

A maioria das florestas são geridas. A figura 12 mostra que 74,19% das florestas são geridas, 16,12% não o são e 9,67% estão sob gestão.

Estes resultados mostram a atenção prestada pelo Departamento de Águas e Florestas da região ao património florestal. Como resultado, restam apenas 5 florestas para serem geridas.

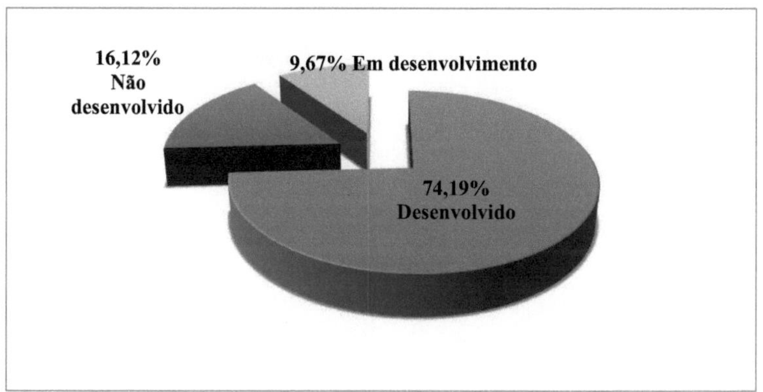

Gráfico 6. Estado de gestão das florestas na região RSK

Quanto à gestão, mais de três quartos **(77%) das** florestas da região são geridos pela direcção provincial de Khémisset, enquanto **23%** são geridos pelas de Rabat e Kénitra. Isto explica-se pelo facto de a maioria das florestas pertencerem à província de Khémisset, que é o lar de **26** delas.

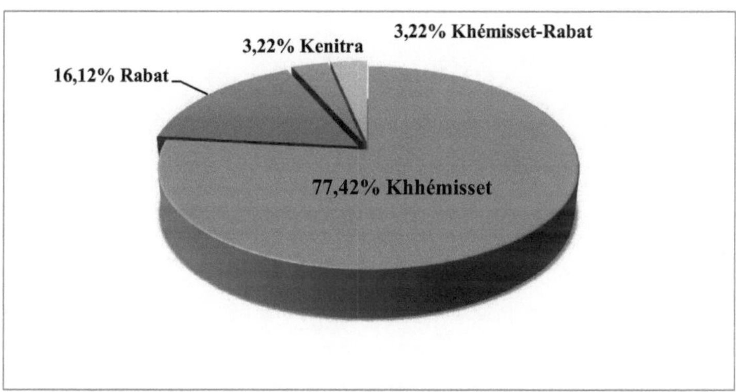

Gráfico 7. Direcções provinciais envolvidas na gestão florestal na região RSK

2.1.2. Distribuição geográfica das florestas na região de Rabat-Salé-Kénitra

As florestas cobrem uma área de **500.043** ha ou **27% da** área total da região RSK, dos quais **351.290** ha (18,5%) são florestas naturais, e **148.753** ha (8,5%) são florestas artificiais (reflorestadas). A maioria das florestas está localizada no centro e sul da região.

A região é rica em flora e fauna, sendo a espécie dominante o sobreiro com **152.743** ha (43,5%), a azinheira com **72.259** ha (20,5%) e o cedro com **36.440** ha (10,5%) da floresta natural.

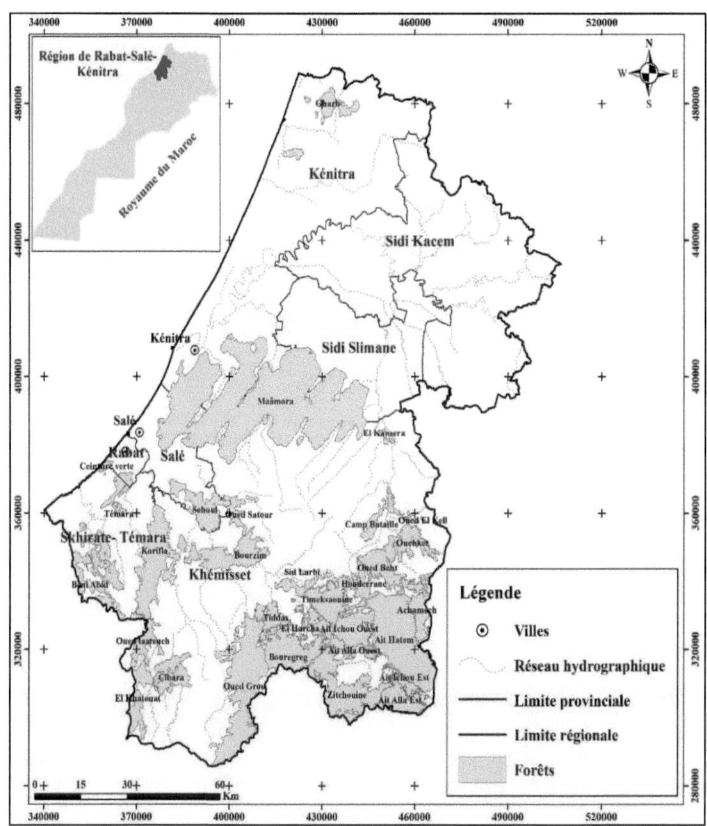

Cartão 5. Mapa das florestas da região de Rabat-Salé-Kénitra

2.2. Inventário e mapa dos PAM na região de Rabat-Salé-Kénitra

2.2.1. Inventário de MAPs na região RSK

As listas inventariadas não representam todas as MAPs existentes na região, mas sim as MAPs mais comuns encontradas nas florestas naturais (Tabela 3).

Quadro 3 . Inventário e distribuição de MAPs na região RSK por floresta (A: aromático, M: medicinal)

Família	Nome científico	Nome vernacular	Tipo	Florestas
AMARANTHACEAE	*Chenopodium Murale*	Pé de cabra	AM	Maâmora
ANACARDIACEAE	*Pistacia atlantica*	Atlas Pistachio	M	Ait Alla Ouest; Cibara; El Harcha; Maâmora; Sehoul.
	Pistacia Lentiscus	Pistácio	AM	Ait Alla Est ; Ait Alla Ouest ; Ait Hatem ; Ait Ichou Est ; Ait Ichou Ouest ; Bouregregreg ; Camp Bataille ; Cibara ; El Harcha ; El Kansera ; El Khatouat ; Gharb ; Korifla ; Maâmora ; Ouchkett ; Oued Beht ; Oued El Kell ; Oued Grou ; Oued laeteuch ; Sehoul ; Temara ; Timaksaouine ; Zitchouine
	Rhus pentaphylla	sumac de cinco folhas	M	Ait Hatem; Bouregreg; Camp Bataille; El Harcha; El Kansera; Korifla; Maâmora; Ouchkett; Oued Beht; Oued El Kell; Oued laeteuch; Sehoul.

	Daucus carotta	Cenoura selvagem	AM	Maâmora
APPIACEAE	*Eryngium tricuspidatum*	Panícula tridimensional	M	Gharb; Korifla; Maâmora; Oued laeteuch.
	Ferula communis	Circunvalação comum	AM	Temara; Maâmora.
	Tapsia Transtagana	Thapsie Transtagana	M	Maâmora.
	Tapsia villosa	Tapsia cabeluda	M	Maâmora.
APOCINACEAE	*Nerium oleandro*	Oleander	AM	Bouregreg
ARACEAE	*Arisarum vulgare*	Boné do monge	M	Ait Hatem
ARECACEAE	*Chamaerops Humilis*	Palma Anã	M	Ait Alla Est; Ait Alla Ouest; Ait Hatem; Ait Ichou Est; Ait Ichou Ouest; Bouregregreg; Camp Bataille; Cibara; El Harcha; El Kansera; Gharb; Korifla; Maâmora; Ouchkett; Oued Beht; Oued El Kell; Oued Grou; Oued laeteuch; Sehoul; Temara; Timaksaouine; Zitchouine.
ARISTOLOCHACEAE	*Aristolochia longa*	Aristolochia	AM	Gharb; Maâmora.
ASPARAGACEAE	*Asparagus acutifolius*	Espargos selvagens	M	Beni Abid; Maâmora.

	Asparagus albus	Espargos brancos	M	Achemach; Béni Abid; Bourzim; Cibara; Korifla; Maâmora. Oued laeteuch; Oued Satour
	Asparagus officinalis	Espargos, officinal	M	Gharb.
ASTERACEAE	*Anacyclus radatius*	Anaciclo apagado	M	Maâmora.
	Andryala integrifolia	Andryale de Folha Inteira	M	Timaksawin.
	Bellis sylvestris	Daisy de Outono	M	Maâmora.
	Coronário de crisântemo	Crisântemo Coroado	AM	Maâmora.
	Cichorium intybus	Chicória selvagem	M	Maâmora.
	Cynara humilis	Artichoke pequena	M	Maâmora; Timaksaouine.
	Echinops spinosus	Echinops	M	Maâmora.
	Ormenis mixta	Camomila de Gharb	M	Cibara ; Gharb ; Korifla ; Maâmora ; Oued laeteuch.
	Pulicaria odora	Loosestrife	M	Korifla; Maâmora; Oued laeteuch; Timaksaouine.
	Scolymus hispanicus	cardo espanhol; escaravelho espanhol da casca	M	Korifla; Maâmora; Oued laeteuch.
	Sonchus oleraceus	Cardo de porca de jardim de mercado	M	Maâmora.

	Sonchus tenerrimus	Semear cardo	M	Maâmora.
BORAGINACEAE	*Echium horridum*	Viperina	M	Maâmora.
	Heliotropium europaeum	Heliotropo Europeu	M	Maâmora.
	Echium plantagineum	Viperina, falsa plátano	M	Korifla; Maâmora; Oued laeteuch.
CARYOPHYLACEAE	*Corrigiola littoralis*	Críquete Shore	M	Maâmora.
	Herniaria glabra	Red Sabline	M	Maâmora.
	Herniaria hirsute	Ponta de seta cabeluda	M	Maâmora.
	Paronychia argentea	Paronychium de prata	M	Korifla; Maâmora; Oued laeteuch.
	Spergularia Marítima	Spergularia Marginada	M	Maâmora.
CELASTRACEAE	*Maytenus senegalensis*	-	M	Maâmora.
MUSHROOMS	*Terfezia Arenaria*	Trufa Cor-de-Rosa de Maâmora	M	Maâmora.
	Tuber Oligospermum	Trufa de Taida	M	Maâmora.
CISTACEAE	*Cistus albidus*	Algodão sacarose	M	Ait Hatem; Maâmora; Zitchouine.
	Cistus crispus	Cistus com folhas	M	Maâmora; Zitchouine.

		estaladiças		
	Cistus ladaniferus	goma de esteva	AM	Bouregreg; El Harcha; Zitchouine.
	Cistus monspeliensis	Sacarose rochosa de Montpellier	AM	Ait Ichou Est ; Camp Bataille ; El Kansera ; El Khatouat ; Korifla ; Maâmora ; Ouchkett ; Oued Beht ; Oued El Kell ; Oued laeteuch.
	Cistus Salvifolus	Sacarose de folha de sálvia	M	Ait Alla Est ; Ait Alla Ouest ; Ait Hatem ; Ait Ichou Est ; Ait Ichou Ouest ; Bouregregreg ; Camp Bataille ; Cibara ; El Harcha ; El Kansera ; El Khatouat ; Gharb ; Korifla ; Maâmora ; Ouchkett ; Oued Beht ; Oued El Kell ; Oued Grou ; Oued laeteuch ; Sehoul ; Temara ; Timaksaouine ; Zitchouine.
CONVOLVULACEAE	*Convolvulus althaeoides*	Bindweed ou Provença bindweed	M	Maâmora.
CUCURBITACEES	*Citrullus colocynthis*	O verdadeiro Coloquint	AM	Maâmora.
DENNSTAEDTIACEAE	*Pteridium Aquilinum*	Feto de águia	M	Gharb; Maâmora.
EPHEDRACEAE	*Ephedra fragilis*	Aranha frágil	M	Maâmora.
ERICACEAE	*Arbutus Unedo*	Arbutus	M	Ait Alla Est ; Ait Alla Ouest

				; Ait Ichou Ouest ; El Harcha ; El Khatouat ; Korifla ; Maâmora ; Oued Grou ; Oued laeteuch ; Sehoul ; Timaksaouine.
	Erica arborea	Urze das árvores	M	Gharb.
EUPHORBIACEAE	*Euphorbia falacata*	Espigão de foice	M	Maâmora.
	Mercurialis annua	Preço anual de mercado	M	Maâmora.
FABACEAE	*Astragalus lusitanicus*	Astragalus	M	Korifla; Maâmora; Oued laeteuch; Timaksaouine.
	Calycotome villosa	Escaravelho cabeludo	M	Gharb; Korifla; Oued laeteuch.
	Ceratonia siliqua	Árvore de alfarroba	M	El Harcha.
	Lupinus angustifolius	Tremoço de folhas estreitas ;	M	Maâmora.
	Ononis natrix	Ononis amarela	M	Maâmora.
	Retama monosperma	Vassoura branca	M	Maâmora.
	Vicia sativa	Ervilhaca comum	M	Gharb; Maâmora.
FUMARIACEAE	*Fumaria capreolata*	Fumitório trepante	M	Maâmora.
GENTINACEAE	*Centaurium erythraea*	Knapweed comum	M	Korifla; Maâmora; Oued laeteuch.

JUNCACEAE	*Juncus bufonius*	A pressa dos sapos	M	Maâmora.
LAMIACEAE	*Ajuga iva*	Bugle	M	Ait Alla Est ; Béni Abid ; Cibara ; Gharb ; Maâmora.
	Lavandula pedunculata	Lavanda pedunculada	AM	Ait Hatem; Ait Ichou Est; Bouregregreg; Cibara.
	Lavandula multifida	Alfazema Multifidus	AM	Achemach ; Ait Hatem ; Béni Abid ; Bourzim ; Camp Bataille ; Cibara ; El Kansera ; Korifla ; Maâmora ; Ouchkett ; Oued Beht ; Oued El Kell ; Oued laeteuch ; Oued Satour.
	Lavandula stoechas	Faqueiro de lavanda	AM	Ait Alla Ouest ; Ait Ichou Est ; Ait Ichou Ouest ; Béni Abid ; Bouregregreg ; Camp Bataille ; Cibara ; El Harcha ; El Kansera ; El Khatouat ; Gharb ; Korifla ; Maâmora ; Ouchkett ; Oued Beht ; Oued El Kell ; Oued laeteuch ; Sehoul ; Timaksaouine ; Zitchouine
	Nepeta apuleii	-	M	Maâmora.
	Pulegium de mentol	Aves de capoeira	AM	Maâmora.
	Origanum compactum	Oregãos	AM	Maâmora.

	Rosmarinus Officinalis	Rosemary	AM	Ait Alla East.
	Salvia verbenaca	Sage-verbena	AM	Maâmora.
	Sideritis hirsuta	Sapo Salsicha	AM	Maâmora.
	Thymus broussonetii Boiss	Broussonet tomilho	AM	Maâmora.
	Thymus marocanus	Tomilho	AM	Ait Alla Ouest; Béni Abid.
	Teucrium fruticans	Arbusto de Germander	AM	Achemach; Béni Abid; Bourzim; Korifla; Oued laeteuch; Oued Satour
LILIACEAE	*Asphodelus albus*	Asfódel branco	M	El Harcha; Sehoul; Temara.
	Asphodelus microcarpus	Asphodel com frutos pequenos	M	Camp Bataille; El Kansera; Korifla; Ouchkett; Oued Beht; Oued El Kell; Oued laeteuch; Timaksaouine; Zitchouine.
	Aspera Smilax	Sarsaparrilha	M	Beni Abid; Maâmora; Timaksaouine.
	Urginea maritima	Sea Scilla	M	Ait Hatem; Cibara; Maâmora; Temara.
LINACEAE	*Linum usitatissimum*	Linho cultivado	M	Maâmora.
MALVACEAE	*Malva hispanica*	Malva espanhola	AM	Achemach; Bourzim; Cibara; Korifla; Oued laeteuch; Oued Satour.

MYRTACEAE	*Mirtus communis*	Mirto comum	AM	Cibara; El Harcha; El Khatouat; Gharb; Korifla; Maâmora; Oued laeteuch; Temara; Timaksaouine.
OLEACEAE	*Oléa Europaea*	Oleaster	M	Achemach ; Ait Alla Est ; Ait Alla Ouest ; Ait Hatem ; Ait Ichou Est ; Ait Ichou Ouest ; Bourzim ; Camp Bataille ; Cibara ; El Harcha ; El Kansera ; El Khatouat ; Gharb ; Korifla ; Maâmora ; Ouchkett ; Oued Beht ; Oued El Kell ; Oued Grou ; Oued laeteuch ; Oued Satour ; Sehoul ; Temara ; Timaksaouine ; Zitchouine.
	Filadélfia latifolia	Filários de folhas estreitas	M	Achemach ; Ait Ichou Est ; Bourzim ; Camp Bataille ; El Kansera ; Korifla ; Maâmora ; Ouchkett ; Oued Beht ; Oued El Kell ; Oued laeteuch ; Oued Satour ; Timaksaouine.
	Filadélfia angustifolia	Filarias de folha larga	M	Ait Alla Ouest ; Ait Ichou Ouest ; El Harcha ; Maâmora ;

				Sehoul ; Temara.
PLANTAGINACEAE	*Plantago coronopus*	Cortina de chifre de veado	M	Korifla; Maâmora; Oued laeteuch.
PLUMBAGINACEAE	*Armeria simplex*	-	M	Maâmora.
	Limonium lobatum	Límonium lobado	M	Maâmora.
	Limonium sinuatum	Estágio sinuoso	M	Korifla; Maâmora; Oued laeteuch; Timaksaouine.
POACEAE	*Anthoxanthum odoratum*	Gripe Perfumada	M	Gharb; Korifla; Oued laeteuch.
	Cynodon dactylon	Erva dentária de cão de caça	M	Maâmora.
	Imperata cylindrica	Império Cilíndrico	M	Maâmora.
	Phragmites australis	Palheta comum	M	Maâmora.
POLIGONACEES	*Polygonum aviculare*	Nó de Pés de Pássaro	M	Maâmora.
	Polygonum maritimum	Algas de nó marítimo	M	Maâmora.
RANUNCULACEAE	*Clematis cirrhosa*	Clematis com tendrilhas	M	Bouregreg; Maâmora.
	Clematis flammula	Chama Clematis	M	Maâmora.
	Ranunculus bullatus	Ranúnculo inchado	M	Maâmora.
RHAMNACEES	*Rhamnus alaternus*	Buckthorn	M	Maâmora.

	Zizyphus lotus	Jujuba selvagem Jujubeeira de Berberia	M	Maâmora; Zitchouine.
ROSACEAE	*Crataegus monogyma*	Monogyne de Hawthorn	M	Ait Ichou Ouest ; El Harcha ; Maâmora ; Sehoul ; Timaksaouine.
	Pyrus communis	Pérola comum	M	Maâmora.
	Rosa canina	Rosa canina, Anca rosa	M	Beni Abid; Maâmora.
	Rubus ulmifolius	Bramble de olmeiro	M	Maâmora.
RUBIACEAE	*Rubia peregrina*	Viajar mais louco	M	Maâmora; Timaksaouine.
SANTALACEAE	*Osyris Alba*	Cajado branco	M	Beni Abid.
SOLANACEAE	*Lício europaeum*	Lyciet europeu ou olivet	M	Maâmora.
	Solanum nigrum	Sombra negra	M	Maâmora.
	Solanum linnaeanum	Sombra Linnaean	M	Maâmora.
THYMELEACEAE	*Daphne gnidium*	Daphne garou	M	Ait Alla Ouest ; Ait Hatem ; Ait Ichou Ouest ; Béni Abid ; Cibara ; El Harcha ; El Khatouat ; Gharb ; Korifla ; Maâmora ; Oued laeteuch ; Sehoul ; Temara ; Timaksaouine ; Zitchouine
	Thymelaea lythroides	Porta de Maâmora	M	Gharb; Maâmora.
URTICACEAE	*Urtica urens*	Urtiga ardente	M	Maâmora.
VALERIANACEAE	*Fedia cornucopiae*	Media cornucópia	M	Maâmora.
VERBENACEAE	*Vitex agnus-*	Árvore casta	AM	Maâmora.

	castus			

A maioria das espécies inventariadas nas florestas da Região RSK (**78,57%**) são plantas medicinais, enquanto que as plantas aromáticas e medicinais representam apenas **21,43%**. A ausência de plantas puramente aromáticas também é perceptível.

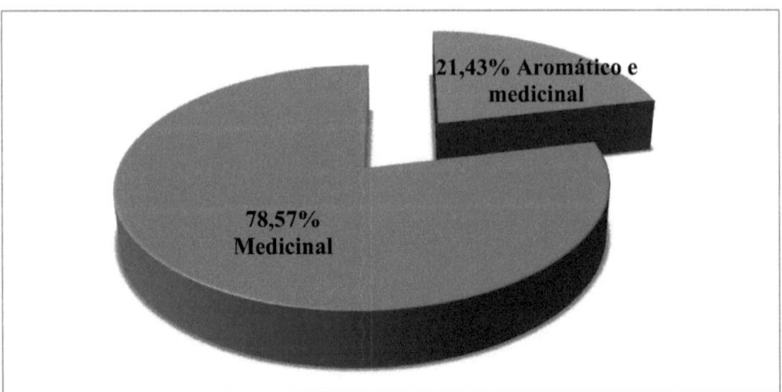

Gráfico 8. Distribuição de PAMs por tipo

As três famílias mais presentes são a família Lamiaceae com **13** espécies, a família Asteraceae com **12** espécies e a família Fabaceae com **7** espécies. Outras espécies também estão presentes nas florestas da região, mas com menos importância, e estas são as Ericaceae, Euphorbiaceae, Polygonaceae, Rhamnaceae, Mushrooms e Thymeleaceae com 2 espécies para cada família; e as restantes famílias são representadas por apenas uma espécie (Quadro 3)

De facto, as famílias MAP importantes em Marrocos de acordo com o número de espécies são: Asteraceae com 36 espécies, Lamiaceae e Fabaceae com 19 espécies, Braciaceae com 12 espécies, Appiaceae com 11 espécies, Euphorbiaceae e Rosaceae com 9 espécies, e Caryophyllaceae com 8 espécies (Hmamouchi, 1999). Isto explica os resultados encontrados na região de Rabat-Salé-Kénitra.

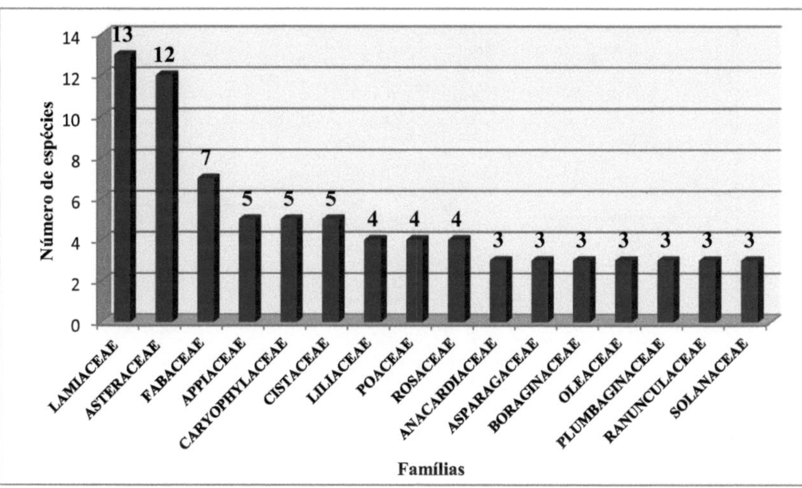

Gráfico 9. Importância das famílias de acordo com o número de espécies inventariadas

2.2.2. Distribuição de plantas aromáticas e medicinais por floresta

Cada família recebeu um símbolo específico que não é repetido, e cuja cor é alterada para cada espécie, de modo a não os confundir. A localização das plantas no mapa não representa de forma alguma a sua verdadeira localização na realidade, é apenas para dizer que a planta X existe na floresta Y. A planta é representada apenas uma vez na floresta, uma vez que o espaço não permite mais do que uma; mas isto não significa que haja apenas uma planta de cada espécie na realidade.

Isto foi feito por símbolos e não por zoneamento, porque as MAPs não estão concentradas numa área específica; são distribuídas nas florestas em manchas isoladas.

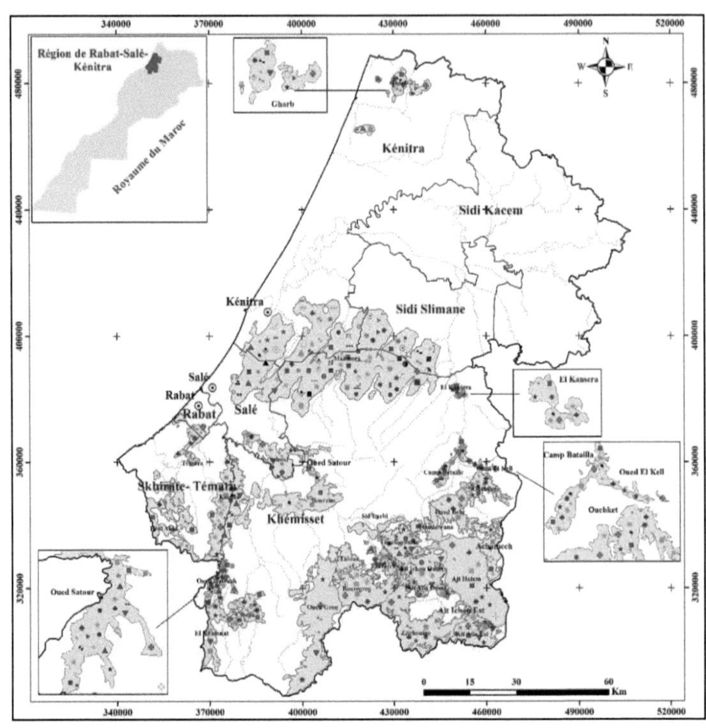

Cartão 6. Mapa de plantas aromáticas e medicinais na Região RSK

Conclusão

A região de Rabat-Salé-Kénitra possui um património natural muito importante, reflectido na sua riqueza de florestas naturais, que representam 18,5% da sua superfície total e se concentram principalmente na província de Khémisset.

Estas florestas estão repletas de espécies vegetais, incluindo uma variedade de plantas aromáticas e medicinais que desempenham um papel importante na economia rural; e oferecem possibilidades terapêuticas através do apoio à medicina tradicional, especialmente porque a maioria das plantas registadas na região são plantas medicinais.

O estudo permitiu-nos ter em conta a importância do potencial da região em termos de florestas e MAP espontâneo. A região tem 31 florestas e um número muito grande de famílias MAP, cada uma das quais contém um grande número de espécies com virtudes terapêuticas que satisfazem as necessidades de cuidados de saúde da população rural, que constitui 80% da população da região RSK. Assim, 114 espécies foram inventariadas em 44 famílias, as mais importantes das quais são as Lamiaceae com 13 espécies, as Asteraceae com 12 espécies, e as Fabaceae com 7 espécies.

Estas florestas representam um importante potencial a ser desenvolvido, com base nas plantas aromáticas e medicinais que elas contêm. Este desenvolvimento deve ser levado a cabo de forma racional e protectora, tentando encontrar formas que estejam longe de ser prejudiciais para o ambiente, especialmente quando se trata de um ambiente tão frágil.

Através do inventário de MAPs realizado, foi possível escolher dois produtos que podiam ser utilizados no ecoturismo. As MAPs espontâneas são as trufas da floresta de Maâmora, que podem ser utilizadas para fins culinários e medicinais, diversificando assim as propostas e actividades a serem criadas em torno deste produto. Para as MAPs cultivadas, é a lavanda cultivada de Oulmès que pode ser valorizada pelos seus aspectos medicinais, aromáticos e paisagísticos, pois oferece, durante a sua floração, magníficas paisagens que cobrem a terra com uma toalha de mesa púrpura.

Capítulo 4. As trufas de Maâmora: gestão, marketing e impacto socioeconómico

Introdução

Em Marrocos, as trufas recolhidas são chamadas "terfess" ou "desert truffle". Têm vários nomes tais como "Terfess" ou "Terfez", "Kamé", "Kholassi" e "Zoubaïdi". Mas o nome mais conhecido comum a várias espécies é "Terfess" em árabe. São uma componente importante da flora micológica dos ecossistemas áridos e semi-áridos em torno da bacia mediterrânica e do Médio Oriente. Estão também a desenvolver-se noutros países, incluindo os Estados Unidos e a China (Awameh e Alsheikh, 1979; Roth- Bejerano et al., 1990; Fortas, 1990; Slama et al., 2006; Mandeel e Al-Laith, 2007; Trappe et al., 2008; Loizides *et al.,* 2012). Estão actualmente representados por treze géneros e trinta e oito espécies (Zitouni-Haouar, 2016).

O seu desenvolvimento está ligado às condições edafo-climáticas e especialmente à presença da planta natural hospedeira (Fortas, 1990; Bradai et al., 2014; Zitouni-Haouar et al., 2015).

As trufas do deserto têm propriedades medicinais e organolépticas de grande importância. Vários estudos têm sido realizados mostrando a sua riqueza em proteínas, aminoácidos, fibras, ácidos gordos, minerais e hidratos de carbono (Dib, 2012; Boufeldja, 2017). São de grande importância económica e comercial, especialmente em regiões deprimidas onde os recursos naturais não são tão abundantes (Bradai, 2014). Esta importância levou alguns pagos a avançar para a domesticação deste cogumelo para a preservação ambiental e para melhorar a produção natural (Zitouni-Haouar, 2016).

O objectivo deste capítulo é estudar as trufas da floresta de Maâmora em termos da sua distribuição geográfica, produção, impacto socio-económico e uso medicinal e culinário, a fim de salientar a sua importância e a necessidade do seu desenvolvimento.

1. Abordagem metodológica

1.1. Área de estudo

A área de estudo diz respeito à floresta de Maâmora. Está situada no noroeste do país, na costa atlântica entre as cidades de Salé e Kénitra. É a maior floresta subterrânea de secção única do mundo, cobrindo quase 11% da superfície mundial ocupada pelo sobreiro. Cobre uma área de 132.000 ha, dos quais 126.200 ha estão florestados. O Maâmora está subdividido de oeste para leste em cinco cantões A, B, C, D e E (divididos em 33 grupos, contendo um total de 448 parcelas). É uma área socioeconómica e ambiental de extrema importância a nível local, regional, nacional e internacional (Benabid, 2002; Aafi, 2007; HCEFLCD, 2009).

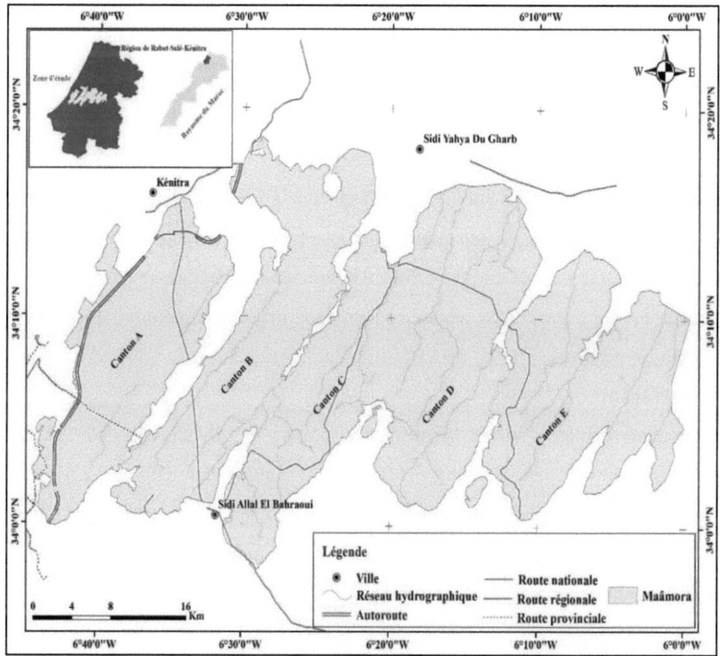

Cartão 7. Localização da área de estudo, a floresta de Maâmora

Embora esta área florestal esteja sujeita a uma pressão demográfica significativa (300.000 habitantes, 300 dinares), suporta um rebanho de 230.000 ovinos e bovinos e gera 300.000 dias de trabalho por ano para a população local. Produz também 80.000 m^3 de madeira industrial, 700.000 m^3 de lenha e carvão vegetal, 80.000 stères de cortiça, 5.000 toneladas de casca de tanino (ou seja, 100% da produção nacional), 700 toneladas/ano de mel, 5.000 toneladas/ano de bolota, 34.500.000 UF/ano, e grandes quantidades de produtos não lenhosos (cogumelos, líquenes, PAM). Toda esta produção está avaliada em 80 a 100 milhões de MAD/ano (MATEUH, 2002; HCEFLCD, 2009).

A floresta desempenha um papel ambiental importante na protecção das áreas urbanas e do lençol freático. É um reservatório para a biodiversidade, uma área recreativa e contribui para a luta contra a desertificação.

1.2. Metodologia adoptada

A fim de alcançar os objectivos deste capítulo, foi escolhida a seguinte metodologia:

Passo 1: Investigação documental

Durante esta fase, foi feita uma tentativa de recolher e analisar o maior número possível de documentos sobre a trufa. Os documentos utilizados são de diferentes tipos: livros, relatórios de gestão, documentos académicos (teses e dissertações).

Observou-se que este produto não beneficiou de muita investigação no campo socioeconómico.

Etapa 2: Inquéritos sócio-económicos no terreno

Foram realizados inquéritos socioeconómicos com a população local de Maâmora, e foram realizadas entrevistas com intermediários, funcionários das autoridades locais e silvicultores. O trabalho de campo e os levantamentos centraram-se na parte ocidental da floresta. Foram organizados workshops em cada duplicação para recolher o máximo de informação possível.

➢ **Amostragem**

A escolha das duplas a serem inquiridas baseou-se nas indicações dos agentes das autoridades locais (Caïds, Sheikhs e Moqadems a nível das comunas territoriais de Aarjate e H'ddada), e dos agentes florestais das duplas mais conhecidas pela colecta de trufas. A amostra é composta por 30 pessoas distribuídas por 5 pares que recolhem trufas na floresta de Maâmora.

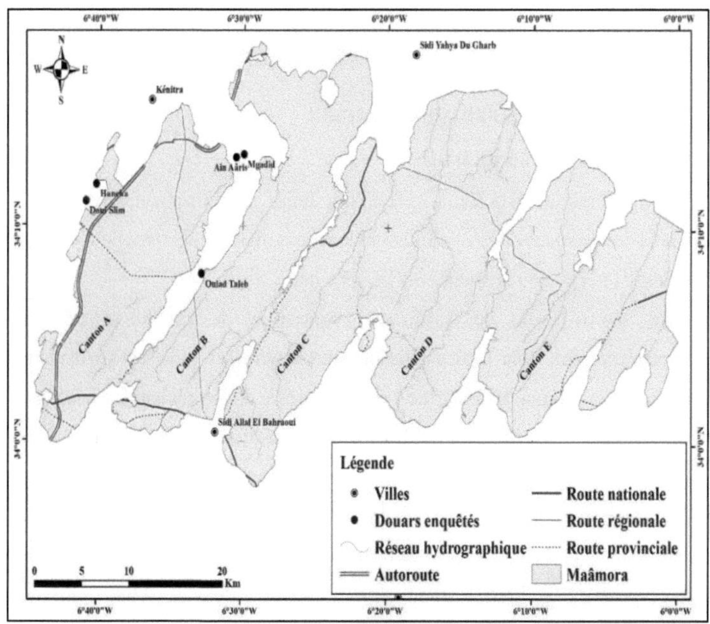

Cartão 8. Mapa de localização das duplas inquiridas

Dois terços da população inquirida, ou seja **66,7%,** pertencem ao douar Oulad Taleb. Isto pode ser explicado pelo facto de que o douar cobre uma grande área, que a maioria dos seus habitantes recolhe trufas, e que a acessibilidade e a segurança são essenciais, dado que está localizado na estrada regional entre Sidi Allal Al Bahraoui (El Kamouni) e Kenitra.

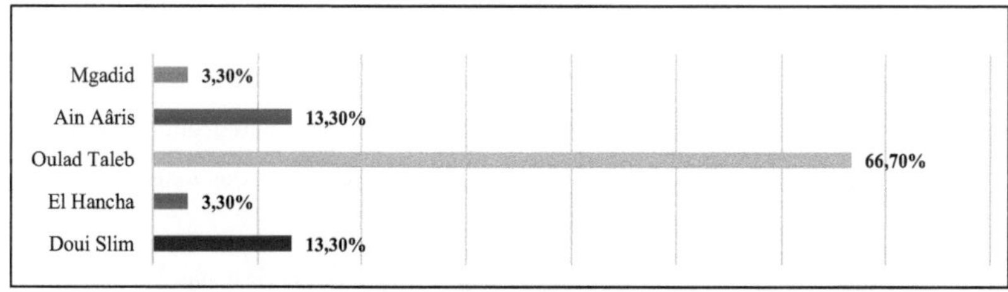

Gráfico 10. Distribuição (%) dos inquiridos por douar no Maâmora

> **Ferramenta de investigação utilizada: o questionário**

O estudo foi realizado na sequência de uma série de inquéritos realizados com a ajuda de um questionário pré-estabelecido, incluindo perguntas específicas sobre trufas e sobre os aspectos socioeconómicos dos inquiridos. O processamento informático foi realizado utilizando o software Sphinx e Excel.

2. Informações gerais sobre a trufa

2.1.   Definição da trufa

Segundo o dicionário Larousse, a trufa é "um fungo *micorrizal ascomycete sob a forma de um tubérculo subterrâneo apreciado pelo seu perfume, que comunica às preparações culinárias, e cuja planta hospedeira é geralmente o carvalho"*.

As trufas são o corpo de frutificação comestível de um fungo ectomicorrízico ascomycete que tem uma forma mais ou menos globular. Crescem naturalmente em simbiose com o sistema radicular de certas árvores e outras plantas herbáceas anuais. É feita uma distinção entre a trufa do deserto ou terfes, que se refere a trufas que crescem no clima tipicamente árido e semi-árido da região mediterrânica. Pertencem aos géneros *Terfezia*, *Tirmania*, *Tuber*, *Picoa* e *Delastria*, e estão principalmente associados a *Helianthemum*. E as verdadeiras trufas, que são as do género *Tuber* associadas às árvores, especialmente à azinheira (Alsheikh, 1994; Morte et al, 2008; Rodriguez, 2008; Trappe et al, 2008). As trufas do deserto são o foco deste estudo.

2.2.   História da trufa

A trufa tem sido apreciada desde os tempos antigos. Foi procurada pelo seu distinto aroma. De acordo com Theophrastus (372-287 a.C.), o autor mais antigo, a trufa é o fruto de um encontro entre uma terra, uma árvore e um cogumelo. Consideram que as trufas são plantas produzidas pelas chuvas de Outono acompanhadas por trovões (Rebière e Parra, 1981). Para o moralista Plutarco (46-125 AD), a trufa é um produto da fusão da água, terra e raios (Pargney e Kottke, 1994). A relação entre trufas, chuva e trovões continua com Cícero e Juvenal. Enquanto o médico grego Dioscorides as considerava como raízes tuberosas (Delmas, 1989). E Porphyry, um famoso filósofo, chamou-lhes três séculos mais tarde (cerca de 250 d.C.) os filhos dos deuses; Plínio o naturalista considerava-os milagres (Pegler, 2002).

No Egipto, por volta de 2600 AC, o faraó Cheops gostava de servir trufas às delegações que o vinham honrar (Benkada, 1999).

Em França, a trufa só foi conhecida no século XVème , com o regresso de François Ier do seu exílio em Espanha. Desde o século XVI, as trufas têm sido comidas regularmente em todas as grandes mesas e têm adornado os pratos mais refinados. Uma descoberta tardia que encantou os gourmets desde essa altura até aos nossos dias (Olivier et al. , 2012).

2.3. Características ambientais

A produção de trufas depende de três factores, pluviosidade, solo e planta hospedeira. Precisam de solos arenosos, ácidos ou básicos que sejam quentes, húmidos, bem arejados e que permitam uma boa circulação de elementos minerais.

Quanto à associação micorrizal, pode ser estabelecida com árvores tais como pinheiros e plantas tais como rochas e heliantos. São adaptados a condições temperadas com estações alternadas. O seu crescimento é condicionado pelo nível de precipitação favorável, no início do Outono para algumas espécies, ou mais frequentemente no Inverno e na Primavera para outras. Chuvas excessivas ou mal distribuídas ou períodos de frio prolongado ou calor elevado podem perturbar o ciclo de produção de trufas (Malençon, 1973; Abourouh, 2011; Khabar, 2017).

2.4. Valor nutritivo das trufas

As Trufas são um dos alimentos gourmet mais desejados e procurados. São utilizados para enriquecer pratos ou como acompanhamento. O seu valor nutricional é muito elevado. Varia de acordo com as condições ambientais nas áreas de produção. Contém poucas calorias e gordura, mais fibra e nenhum composto tóxico. São ricos em proteínas, potássio e ferro, pelo que são uma grande escolha dietética para os seres humanos. São baixos em gordura, sem colesterol, pelo que o consumo regular pode baixar os níveis de colesterol (Benmouloud, 2017).

2.5. Trufas em Marrocos

Em Marrocos, existem cerca de dez trufas do deserto pertencentes aos géneros *Tuber, Terfezia, Tirmania, Picoa e Delastria*, que diferem umas das outras em termos de área de colheita, tamanho, cor ou hospedeiro a que estão associadas, bem como outras espécies pertencentes aos verdadeiros trufas (Khabar, 2002 e 2017; Abourouh, 2011). Foram identificadas quatro áreas de trufas:

> **A floresta de Maâmora**: Cinco espécies de trufas estão presentes. Três deles estão associados com *Helianthemum guttatum* (Girassol gotejante) e são *Terfezia arenaria*; *Terfezia leptoderma* e *Tuber asa*. E duas espécies estão associadas ao *Pinus pinaster* var. *atlantica, Tuber oligospermum* e *Delastria rosea*.

➤ **O Oriental**: cinco espécies estão presentes nas terras altas do Oriental, nomeadamente: *Tirmania pinoyi, Tirmania nivea, Terfezia boudieri, Terfezia claveryi* e *Picoa juneperi*.

➤ **A planície Abda**: apenas uma espécie é conhecida por existir, *Terfezia boudieri*.

➤ **O Saara**: inclui duas espécies, *Tirmania nivea* e *Tirmania pinoyi*.

Quanto às verdadeiras trufas, elas encontram-se nas florestas do Atlas do Meio. As espécies encontradas são : *Tuber brumale; T. excavatum; T. uncinatum e T. rufum*. Marrocos também conhece o cultivo da trufa negra *Tuber melanosporum* pelo médico Laqbaqbi em Debdou e Imouzzer du Kandar.

3. Resultados e discussões

3.1. Espécie e distribuição

A produção de Trufas na floresta de Maâmora é natural sem qualquer intervenção humana. Segundo os coleccionadores entrevistados, duas espécies de trufas são as mais conhecidas e as mais recolhidas. Estes são a *Terfezia arenaria* rosada, conhecida localmente como Terfess lahmer, e o *Tuber oligospermum* esbranquiçado, conhecido localmente como Terfess de taida. A primeira espécie é recolhida na bancada de sobreiros ligeiros em relação simbiótica com *Helianthemum guttatum*. O segundo é recolhido sob pinheiros, daí o nome terfess de taida (taida = pinheiro).

Como não há nenhum estudo sobre a distribuição espacial da trufa na floresta de Maâmora, pelo menos tanto quanto sabemos, baseámos o mapa da sua distribuição em dois elementos:

- O mapa dos tipos de povoamento da floresta de Maâmora (Aafi, 2007);
- Informação de discussões com os inquiridos nas duplas e pessoas-recurso (agentes florestais, colectores de mulheres, intermediários, Sheikh e Moqadem).

As trufas estão distribuídas principalmente no centro da floresta de Maâmora: *Terfezia arenaria* está concentrada nos cantões B, C e D, onde o sobreiro claro está presente (baixa densidade); *Tuber oligospermum* está concentrado especialmente no cantão B, onde o reflorestamento de pinheiros está presente.

Segundo Abourouh (2011) e Khabar (2017), a floresta de Maâmora inclui 5 espécies: *Terfezia arenaria* chamada "*Terfess rose* de la Maâmora" recolhida nas clareiras; Terfezia *Leptoderma* recolhida sob *Helianthemum guttatum,* também sob pinheiros (*Pinus pinaster* var. atlantica); *Tuber oligospermum* chamado "*Terfess de taida*" recolhido sob pinheiros; *Tuber asa* chamado "*Terfess male des Terfess*" devido à sua consistência dura. E *Delastria rosea* chamada *"Bitter Terfess of Taida"* recolhida debaixo de pinheiro.

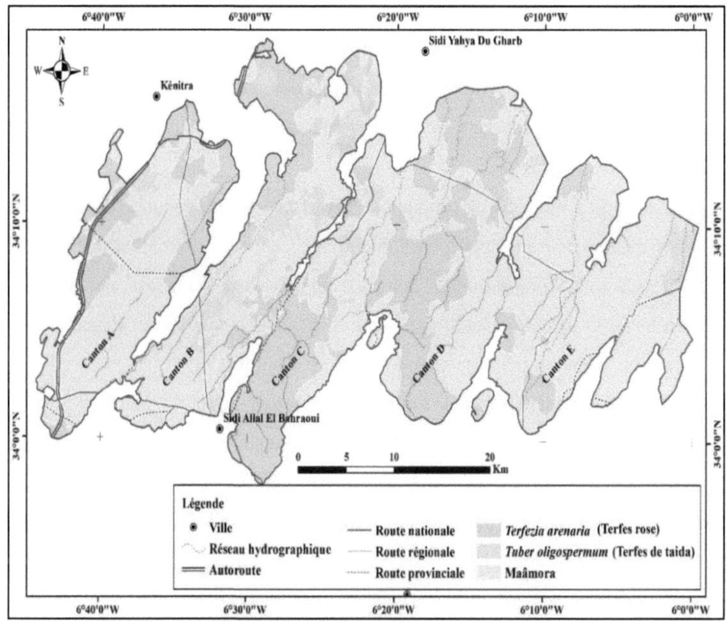

Cartão 9. Distribuição de trufas na floresta de Maâmora

3.2. Gestão da trufa de Maâmora

3.2.1. Método de pesquisa da Trufa

A procura de trufas é uma habilidade local, que não está disponível para todos. Algumas pessoas podem procurar todo o dia sem encontrar nada, enquanto que para outras é suficiente fazer um scan ao ambiente com o olho para decidir que este produto existe, disse a Sra. Achalha em Oulad Taleb. As mulheres falam de "caça" às trufas, não de as recolher.

Durante o inquérito com as pessoas que recolhem as trufas na floresta de Maâmora, houve um consenso sobre duas pistas que ajudam a identificar o local onde a trufa é produzida. A terra rachada, inchada e fendida indica que existe uma trufa por baixo e a existência de uma planta de floração amarela que é *Helianthemum guttatum*, a planta com a qual a trufa está associada.

Enquanto noutros países, por exemplo em França, existem outros métodos que têm sido utilizados durante séculos para a procura de trufas.

A porca, que naturalmente procura trufas porque gosta de as comer, foi o primeiro animal utilizado para esta missão, mas foi difícil fazê-la compreender que não deve devorar a sua descoberta, uma vez que a considera uma recompensa pelos seus esforços. Assim, o homem optou pelo cão, que tem de ser treinado para esta tarefa e que parece ser mais eficiente. O cão tem um bom olfacto, pode detectar trufas e raspar o chão onde elas se encontram, mas o problema é que não consegue distinguir entre trufas maduras e jovens como a porca consegue.

Um terceiro método é mais eficaz do que os dois primeiros, mas requer paciência. Este método consiste em observar uma mosca que aterra à superfície no local do nariz. Esta mosca é chamada a *Suillia gigantea.* Cheira a trufa quando está madura, porque só quer pôr ovos na trufa. O insecto é facilmente reconhecível pela sua forma alongada e pela sua cor vermelha. Tem também um cheiro sulfuroso (Callot, 1999).

3.2.2. Método de colheita da Trufa no Maâmora

Uma vez especificado o local de produção da trufa, o resto é fácil de fazer. Dois terços dos inquiridos, **66,70%**, recolhem simplesmente as trufas à mão, escavando onde o solo é rachado para encontrar um máximo de 5 cm de profundidade. Enquanto um terço, **33,3%,** usar um pau para tocar no solo e trazer para fora a trufa escondida.

Vale a pena mencionar que as práticas de colheita praticadas por alguns coleccionadores levam a perturbações irreversíveis dos ecossistemas em que crescem as trufas, o que pode levar ao desaparecimento deste precioso produto. A lavoura é também considerada como uma prática que perturba o ecossistema e, portanto, as condições ecológicas para o desenvolvimento de trufas.

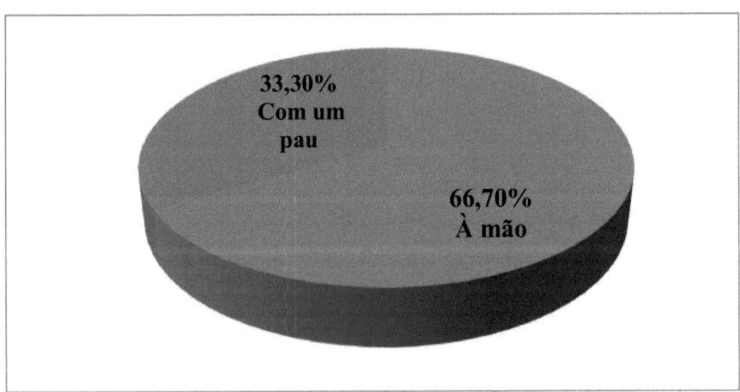

Gráfico 11. Método de recolha da Trufa no Maâmora

3.2.3. Época de produção

Quase todos os inquiridos (83,3%) declararam que as trufas são recolhidas durante o período de Março a Maio. Isto justifica-se pelo facto de as trufas serem um produto de primavera. Estes resultados do inquérito estão em linha com os citados por Khabar (2002). De facto, a colecção de trufas no Maâmora estende-se de Janeiro até ao final de Maio do ano, parte do Inverno e da Primavera. A abundância da produção tem lugar durante o período de Março-Abril.

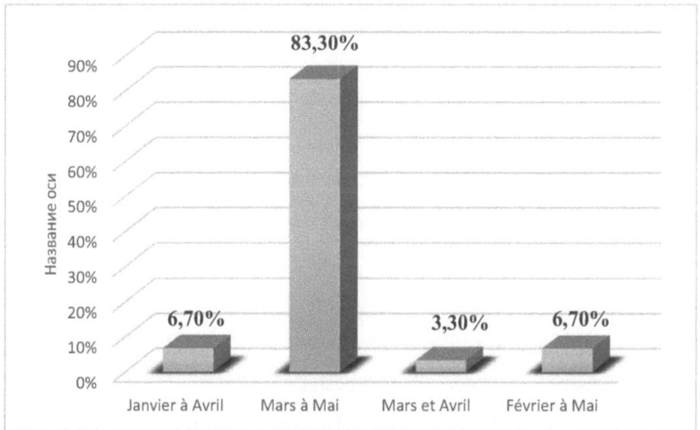

Gráfico 12. Período de recolha da Trufa de acordo com os inquiridos

Também, se olharmos para a tabela abaixo (Tabela 4), que resume o período de recolha das diferentes espécies de trufas no Maâmora, verificamos que a recolha de ***Terfezia arenaria, a*** trufa rosa do Maâmora e que é a espécie mais recolhida nas florestas de sobreiro, tem lugar entre os meses de Março e Maio. Além disso, o período indicado pelos colectores está incluído no período de recolha de *Tuber oligospermum ao* nível da reflorestação dos pinheiros e cujo período se estende de Dezembro a Junho.

É verdade que a trufa é um produto de primavera, como já foi mencionado, mas a sua produção e abundância está principalmente ligada à precipitação. Se a estação for húmida, a recolha excede o mês de Maio e continua até meados de Junho como aconteceu este ano (2018), e se a estação for seca, a recolha não excede meados de Abril.

Quadro 4. Períodos de colheita das diferentes espécies de trufas em Maâmora (Khabar, 2002)

Mês / Espécie	Dezembro	Janeiro	Fevereiro	Março	Abril	Maio	Junho
Delastria rosea							
T. arenaria							
T. leptoderma							
T. asa							
T. oligospermum							

3.2.4. Armazenamento de trufas recolhidas

Em geral, a recolha de trufas tem lugar durante 6 dias da semana e o 7[éme] dia é o Souk semanal onde os coleccionadores vendem as suas trufas.

Então como armazenam as trufas recolhidas durante a semana?

De acordo com os inquéritos, mais de metade **58,6%** armazenam as trufas recolhidas num buraco no chão, **20,7%** deixam as trufas em sacos plásticos nos quais as transportaram, **13,8%** fazem o mesmo mas em baldes plásticos e finalmente **6,9%** armazenam as trufas no frigorífico.

O método mais utilizado é cavar um buraco no solo húmido, colocar as trufas e cobri-lo com terra. As pessoas que utilizam este método de armazenamento explicaram que ele ajuda a trufa a manter a sua cor, cheiro e peso (humidade).

As trufas congeladas podem ser conservadas por um período máximo de 6 a 12 meses, mantendo as mesmas qualidades (cor e cheiro).

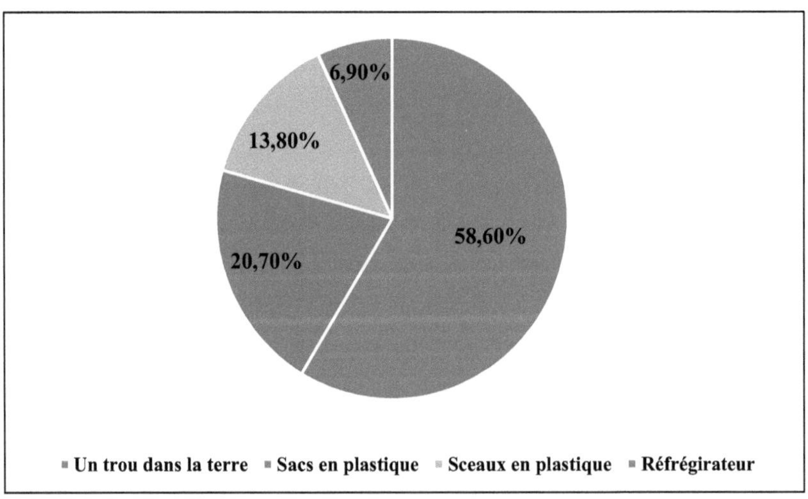

Gráfico 13. Método de armazenamento de trufas

3.3. Produção de Trufas, quantidade recolhida

3.3.1. A partir da bibliografia

O único estudo dedicado à produção de trufas no Maâmora é realizado no âmbito de um projecto regional financiado pelo Fundo Francês para o Ambiente Global (FFEM), cujo objectivo é "Optimizar a produção de bens e serviços pelos ecossistemas florestais mediterrânicos num contexto de mudança global" em seis países do Norte de África (Marrocos, Argélia, Tunísia) e do Próximo Oriente (Turquia, Líbano e Síria). A segunda componente deste projecto consiste em estimar o valor económico e social dos bens e serviços fornecidos pelos ecossistemas florestais mediterrânicos. Da qual a trufa faz parte (Plano Bleu e FAO, 2015).

Assim, para Marrocos, o sítio piloto escolhido é a floresta de Maâmora. O estudo realizado sobre as trufas conduziu aos seguintes resultados:

Quadro 5. **Estimativa da produção de trufas de acordo com as espécies hospedeiras na floresta de Maâmora**

Gasolina	Área (ha)	Área de trufa potencialmente produtiva (ha)	Estimativa do número médio total de árvores	Número estimado de árvores produtivas	Produção total (kg)
Pinheiros	10 012,84	6 907,12	2 507 284,56	250 728,46	25 072,85
Sobreiro	61 471,65	54 474,21	830 282,20	83 028,22	8 302,82
Total	71 484,49	61 381,33	3 337 566,76	333 756,68	33 375,67

De acordo com os resultados do estudo Plan Bleu e FAO (2015), a área global das duas espécies favoráveis à produção de trufas (Pinheiro e Sobreiro) é de 71.484,49 ha, dos quais 85% (61.381,33) desta área é produtiva de trufas. A maior parte desta área, quase 90%, é ocupada por sobreiro.

O número de árvores produtivas está estimado em 333.756,68, apenas 10% do número total de árvores existentes, porque a produção de trufas só pode vir de árvores com idades compreendidas entre os 6 e 10 anos para o pinheiro e de árvores com menos de 40 anos para o carvalho. Três quartos 75% do número de árvores produtivas são reservados aos pinheiros, contra apenas um quarto 25% para o sobreiro.

A produção total de trufas na floresta de Maâmora está estimada em 33.375,67 kg, dos quais 75% são pinheiros e 25% são sobreiros. A quantidade de trufas produzidas é, portanto, relativa ao número de árvores de cada espécie.

Deve ser mencionado que os resultados nesta tabela se baseiam numa hipótese adoptada pelos implementadores do projecto. Assumiram que a produção unitária entre carvalhos e pinheiros é de 100g/árvore/ano, o que equivale a uma produção média de 6kg de um hectare de carvalhos a uma densidade média de 60 cepos/ha e 10g/árvore sob pinheiros a uma densidade de 363 caules/ha (com base em 367 caules por hectare com 3% de dieback) produzindo 30 kg/ha/ano de trufas.

Também assumiram que toda a produção de trufas no Maâmora é recolhida pela população local e que há 120 coleccionadores que trabalham 40 dias por ano. Estes valores hipotéticos foram estimados por um "método especializado" no qual o projecto recorreu a pessoas-recurso que conhecem a floresta de Maâmora e as trufas que aí crescem. Este método pode ser criticado, mas permite-nos abordar a produção e comercialização deste produto não lenhoso da floresta.

Quadro 6 . Estimativa da produção recolhida e comercializada de trufas no Maâmora

Gasolina	Área (ha)	Produção (kg)	Produção recolhida (kg)	Volume de trufas recolhidas e não comercializadas (kg))	Volume comercializado (kg)
Pinho	10 012,84	25 072,85	25 072,85	2 507,28	22 565,56
Sobreiro	61 471,65	4 350,25	4 350,25	435,03	3 915,23
Total	71484,49	33 375,67	29 423,10	2 942,31	26 480,79

De acordo com o quadro acima, a quantidade de trufas produzidas é de 33.375,67 kg enquanto a quantidade recolhida é de 29.423,10 kg. Note-se também que 90% desta quantidade é comercializada e os restantes 10% podem ser a taxa de perdas ou simplesmente consumidos localmente.

3.3.2. Com base em observações de campo

3.3.2.1. Quantidade diária recolhida

As quantidades recolhidas durante um dia de trabalho pelos inquiridos foram classificadas em três classes: menos de 2 kg/dia/pessoa, 2 a 4 kg e mais de 4 kg. Os resultados mostram que dois terços dos inquiridos, **70%,** recolhem entre 0 e 2 kg por dia, seguidos pelos que recolhem 2,5 a 4 kg com **20%** e, finalmente, os que recolhem mais de 4 kg com apenas **10%** (Quadro 7).

Quadro 7. Quantidade de trufas recolhidas em kg/dia/pessoa

Quantidade recolhida em Kg/dia	Percentagem (%)
0-2 Kg	70
2,5-4 Kg	20
Mais de 4 Kg	10

A diferença entre as quantidades recolhidas pode ser explicada pela diferença nos locais de recolha. De facto, há lugares onde a produção é melhor do que outros. A recolha destas quantidades de trufas requer o dia inteiro. Por vezes, a pessoa pode procurar todo o dia sem encontrar nada.

3.3.2.2. Quantidade sazonal recolhida

A partir dos resultados do inquérito de campo, a quantidade sazonal que a população local pode recolher pode ser calculada. Para tal, seguiremos a hipótese dos implementadores do projecto em que baseamos as informações obtidas a partir da pesquisa bibliográfica, a fim de podermos comparar os resultados.

O projecto identificou 120 colectores durante 40 dias. Manteremos os mesmos intervalos obtidos no terreno. Deve notar-se que o inquérito de campo revelou que as mulheres trabalham em média um mês e meio (45 dias), o que é diferente da hipótese do projecto.

Quadro 8 Estimativa da quantidade sazonal recolhida na floresta de Maâmora com base em levantamentos de campo

Número total de colectores	Classe kg/J	Média	%	Nº de coleccionadores por classe	Quantidade média recolhida (kg/ano)
	0-2	1	70	84	3360
120	2-4	3	20	24	2880
	>4	4	10	12	1920
Total			100	120	8160
Quantidade recolhida: mínimo 1920 e média 8 160 kg/ano					

De acordo com a pesquisa bibliográfica, a quantidade recolhida é de 29.423,10 kg, enquanto no quadro acima a quantidade total recolhida de acordo com as diferentes classes é de 8.160 kg/ano.   A quantidade pode exceder 19,200 kg no caso de todos os colectores recolherem mais de 4 kg.

A fim de alcançar o resultado estimado dado pelos implementadores do projecto, cada um dos 120 colectores deve conseguir recolher **245,2** kg por estação.

3.4. Comercialização de trufas

3.4.1. Valor monetário da trufa

3.4.1.1. À escala da floresta

De acordo com o projecto, o custo da recolha está estimado em 550.000 MAD. Assim, para o volume total comercializado de 26.480,79 kg, o valor líquido total da produção de trufas Maâmora ascenderia a 1.215.385,83MAD/ano líquido dos custos do trabalho de recolha.

Quadro 9 . Valor monetário estimado de trufas produzidas por espécies hospedeiras no Maâmora (Plano Bleu e FAO, 2015)

Gasolina	Volume comercializado	Valor bruto (MAD)	Custos totais de recolha (MAD)	Valor das trufas de custo de recolha (MAD)
Pinho	22 565,56	1 504 370,74	550 000	1 215 385,83
Sobreiro	3 915,23	261 015,10		
Total	26 480,79	1 765 385,83	550 000	1 215 385,83

Os valores unitários dos custos e produção de trufas em que os promotores do projecto basearam este resultado estão resumidos no quadro abaixo:

Quadro 10. Custos e valores unitários para a produção de trufas no Maâmora (Plano Bleu e FAO, 2015)

Designação		Valor monetário (MAD)
Custo da recolha	Por kg	18,69
	Por árvore	1,87
	Por ha de carvalho	112,16
	Por ha de Pinheiros	678,55
Valor unitário da trufa na floresta	Por kg	41,31
	Por árvore	4,13
	Por ha de carvalho	247,84
	Por ha de Pinheiros	1 499,45

A tabela mostra que os povoamentos de pinheiro dão um valor monetário unitário mais elevado do que os povoamentos de sobreiro. Este resultado pode ser explicado pelo facto de o número de pinheiros ser três vezes superior ao do sobreiro.

3.4.1.2. A nível individual

As Trufas são vendidas por quilograma. O preço de venda não é fixo e varia de um ano para o outro e de um vendedor para o outro. Metade dos inquiridos **(50%)** vendem as suas trufas a um preço que varia entre 50 e 100 DMS/kg, seguidos por **26,7%** que as vendem a um preço que varia entre 100 e 150 DMS/kg, depois os que vendem trufas a

150 a 200 DMS/kg com **16,7%**, e finalmente os que vendem as suas trufas a menos de 50 DMS/kg com **6,7%**.

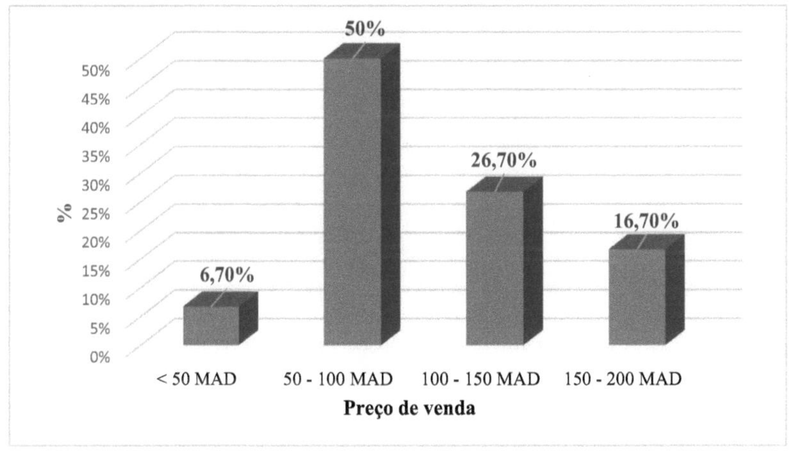

Gráfico 14. Preço de venda das trufas de Maâmora

Segundo os inquiridos, o primeiro factor responsável pela fixação do preço é o intermediário que controla o mercado com uma percentagem de **50%**, o segundo factor é a procura da trufa com uma representação de **30%** e o terceiro factor é a raridade da trufa com **20%**.

3.4.2. Circuito comercial da trufa

Metade dos coleccionadores inquiridos (**50%**) vendem as suas trufas a intermediários, seguidos por aqueles que as vendem nos souks semanais (**35,4%**); e mesmo neste caso a venda pode envolver intermediários que preferem passar pelo souk em vez de ir ao coleccionador. Os turistas e camionistas representam **8,3%** e **6,3%** respectivamente.

Durante o inquérito verificou-se que a maioria deles trabalha com um intermediário, que normalmente se ocupa do transporte para os colectores que vivem longe dos locais de produção. Mas subtrai os custos de transporte do preço de compra da trufa, o que explica os preços baixos a que a trufa é vendida. Estas pessoas só vendem as suas trufas nos souks semanais se o intermediário não comprar as quantidades recolhidas no douar.

No caso dos turistas, cuja percentagem é menor, isto pode ser explicado pelo facto de os coleccionadores nunca venderem as suas trufas ao consumidor final. A venda passa por intermediários que compram as trufas a preços medíocres e depois vendem-nas ao dobro ou ao triplo do preço.

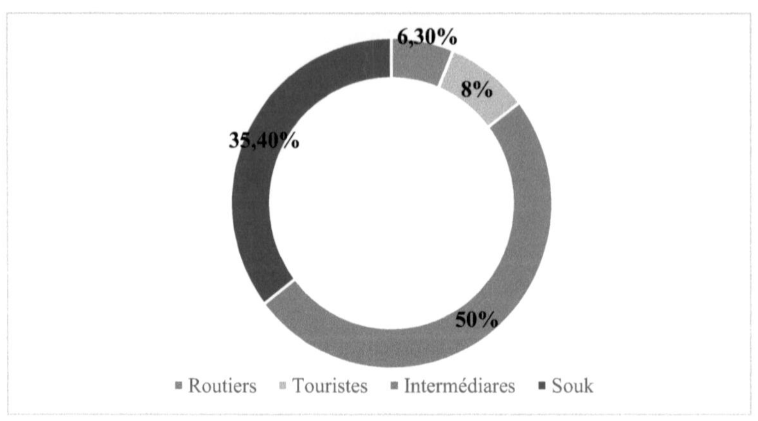

Gráfico 15. Diferentes destinos de venda de trufas

3.5.   As diferentes utilizações da trufa

3.5.1. Uso medicinal

As Trufas são conhecidas desde os tempos antigos pelas suas propriedades terapêuticas. Têm certas propriedades antibacterianas, antioxidantes, antidiabéticas, hepatoprotectoras, afrodisíacas, antidepressivas e antivirais. Contêm enzimas de interesse médico e industrial.

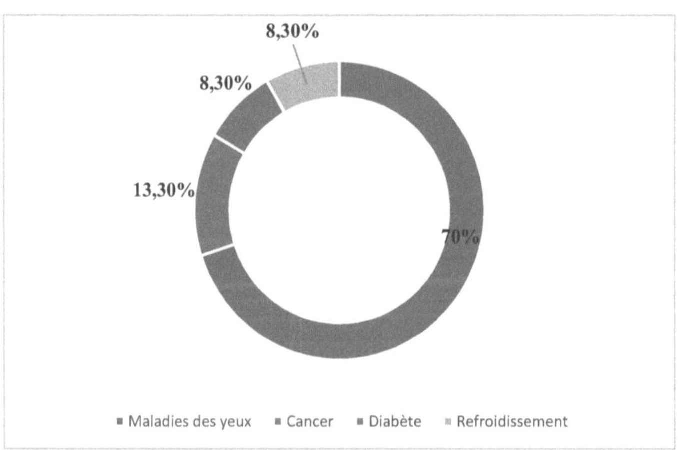

Gráfico 16 . Resultados do inquérito sobre o valor medicinal das trufas do Maâmora

O gráfico acima resume os resultados das respostas dadas pelos inquiridos sobre os usos e o valor medicinal da trufa. A maioria com uma percentagem de **70%** revelou que a trufa tem a capacidade de curar doenças oculares, seguida por aqueles que acreditam ser benéfica para o cancro com **13,30%**. E finalmente, diabetes e arrefecimento do corpo com o mesmo resultado **8,30%**.

Estas descobertas podem ser apoiadas pela utilização da trufa mencionada na história islâmica. Foi no Hadith Sahih Muslim que o Profeta Maomé (*que a paz esteja com ele*) tinha dito que "***Kama'a (um dos nomes da trufa) é uma espécie de maná e o seu sumo é um remédio para os olhos"***. Assim, a trufa tem a capacidade de curar doenças oculares e fortalecer a visão (Apêndice 4).

Deus disse dele: O Mensageiro de Deus, paz e bênçãos estejam sobre ele, disse: "As trufas são maná e a sua água.

Maná" é mencionado no Corão (alimento que Deus ofereceu aos israelitas através de Moisés (é uma espécie de "terfess", *Tirmania sp* de acordo com algumas explicações).

E nós fomos esmagados por vós, e enviámos-vos quem e os vossos senhores.

Para a diabetes, alguns tipos, tais como *Terfezia boudieri*, contêm produtos antioxidantes naturais tais como vitaminas, enzimas, flavonóides, terpenos e alcalóides. Estes produtos têm sido documentados como agentes hipoglicémicos que actuam como agentes protectores para manter as células ß pancreáticas contra os danos e podem

facilitar a secreção de insulina devido à facilitação do cálcio nas células ß.

As trufas também ajudam a lutar contra o vómito, a dor, a fraqueza dos doentes, a gota e ajudam a curar as feridas. No Sara, são considerados fortificantes e afrodisíacos (Benmouloud, 2017).

3.5.2. Uso culinário

O prato mais conhecido e preparado pela população local é o tajine com trufas com uma representação de **83,30%**, seguido de trufas cozidas em água salgada com **16,7%** e apenas **3,3%** utilizam trufas na preparação de "Rfissa" (prato tradicional). (Anexo 5).

Segundo Bellakhdar (1997), na região de Rabat-Salé, as trufas são cozinhadas em água como batatas ou estufadas com molho e condimentos.

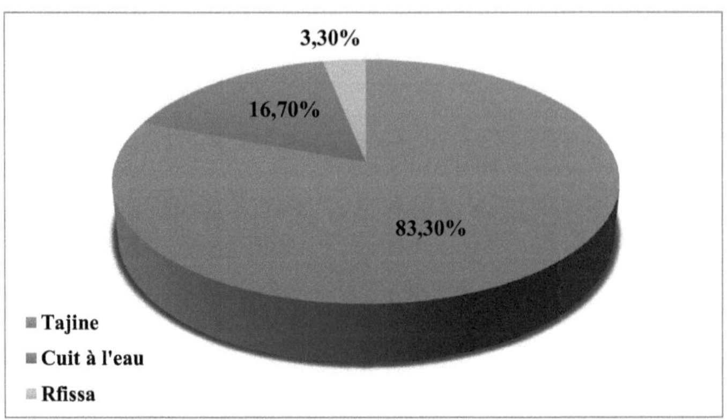

Gráfico 17. Resultados do inquérito sobre pratos tradicionais de trufas

As Trufas são muito procuradas pelos judeus por razões religiosas, durante a festa da Páscoa ou Pessach (palavra hebraica que significa passar por cima). É um dos feriados mais importantes da religião judaica, comemorando a saída do Egipto, o nascimento de Israel como povo; e mais geralmente é o feriado da liberdade e o fim da escravidão do homem pelo homem (Pegler, 2002).

O festival tem lugar em Março ou Abril (época das trufas) de acordo com as datas do calendário hebraico, e o prato principal durante este festival é tagine de borrego com trufas.

As Trufas também podem ser consumidas em conservas. O primeiro produtor de trufas brancas em conserva é a marca "Aicha" **"les conserves de Meknès"**, criada em 1929 e cuja maior parte da sua produção se destina à exportação para os mercados americano e europeu. A trufa enlatada da marca "Aicha" vende-se por 20 euros em França por um frasco de 430 g de peso líquido. (Anexo 6).

3.6. Papéis sócio-económicos das trufas no Maâmora

3.6.1. Aspectos sócio-económicos dos coleccionadores de trufas

- **Estrutura etária por sexo**

A maioria dos coleccionadores de trufas são mulheres com uma representação de **76,7%,** enquanto que os homens representam apenas **23,3%.**

Quanto aos grupos etários, notamos que os maiores de 50 anos são os mais presentes com uma percentagem de **53,3%,** seguidos pelo grupo de 41-50 anos com uma representação de **30%,** o grupo de 31-40 anos com **13,3%** e finalmente o grupo de 20-30 anos com **3,3%.**

Todos os homens que recolhem trufas têm mais de 50 anos de idade. Quanto às mulheres, verificamos que as mulheres com mais de 50 anos e as que têm entre 41 e 50 anos estão presentes com a mesma percentagem de **30%**, seguidas pelas que têm entre 31 e 40 anos, com **13,3%** e, finalmente, as que têm entre 20 e 30 anos com **3,3%. A** ausência de jovens com menos de 20 anos de idade é notória.

Isto sugere que a recolha de trufas é restrita a mulheres com mais de 40 anos. Várias explicações podem ser atribuídas a este resultado. Talvez as mulheres que têm o know-how para recolher trufas sejam as que o fazem, ou os homens fazem outros trabalhos como a agricultura ou vão trabalhar para a cidade. Também a ausência de jovens raparigas se deve talvez ao facto de as suas famílias estarem conscientes dos perigos de permanecerem na floresta sozinhas todo o dia.

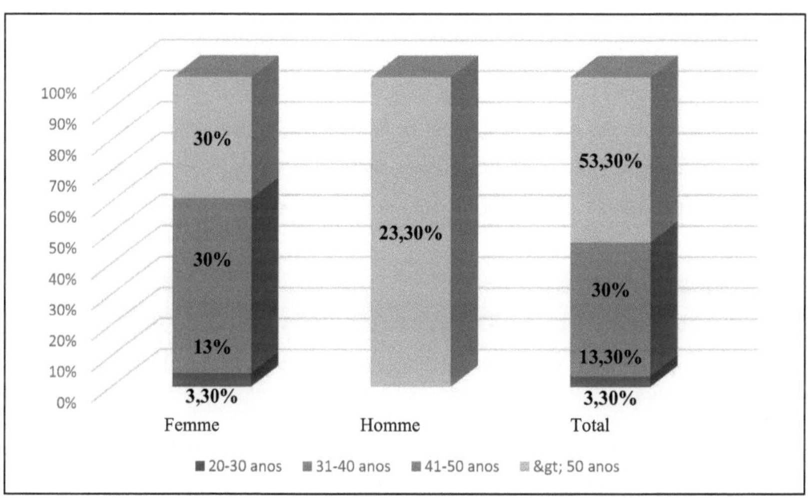

Gráfico 18 . Estrutura etária dos coleccionadores de trufas por sexo

- **Tamanho do agregado familiar**

Quase todos os inquiridos são casados e têm uma família. O gráfico abaixo mostra o tamanho do agregado familiar dos inquiridos:

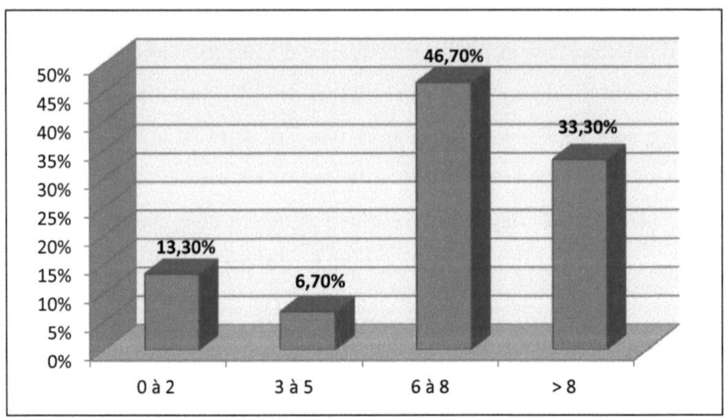

Gráfico 19. Tamanho do agregado familiar (número de pessoas) dos inquiridos

Os inquiridos com uma dimensão de 6 a 8 pessoas representam quase metade com uma percentagem de **46,7%,** seguidos pela dimensão de mais de 8 pessoas com **33,3%,** depois a dimensão do agregado familiar de 0 a 2 pessoas com uma representação de **13,3%** e finalmente a dimensão do agregado familiar de 3 a 5 pessoas com **6,7%.**

Podemos então deduzir que a maioria, com uma representação de **80%,** tem mais de 6 filhos.

- **História da actividade**

Mais de metade dos colectores **(53,3%)** recolhem trufas há mais de 20 anos, seguidos pelos que recolhem há 11 a 20 anos **(33,3%)** e finalmente **13,4%** recolhem há menos de 10 anos.

Os resultados são facilmente explicados pela estrutura etária dos inquiridos. Dois terços têm mais de 40 anos, e começaram a recolher desde a infância acompanhando as suas mães, o que justifica o resultado de que dois terços têm vindo a recolher há mais de 11 anos.

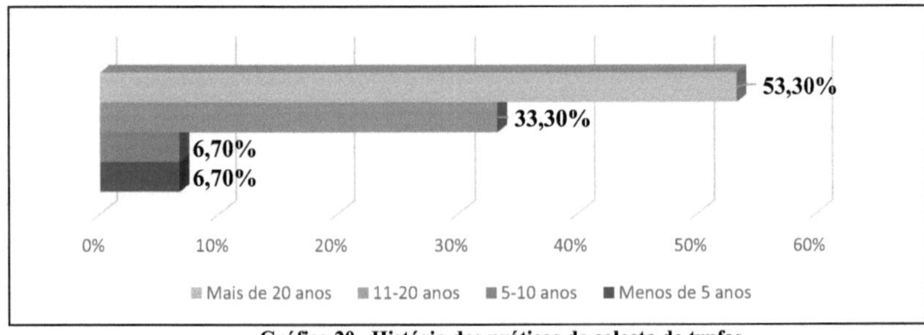

Gráfico 20 . História das práticas de colecta de trufas

- **Razões para escolher a actividade de recolha de trufas**

A recolha de trufas constitui uma oportunidade de trabalho sazonal para a população local. A maioria dos inquiridos pratica esta actividade para obter rendimentos extra. Os colectores de trufas também recolhem outros produtos florestais sazonais, tais como cogumelos e bolotas. A pobreza impele as pessoas a encontrar empregos alternativos para satisfazer as suas necessidades diárias.

- **Fontes de rendimento dos inquiridos, para além da recolha de trufas**

O gráfico acima resume o trabalho realizado pelas pessoas inquiridas e que representa as suas fontes de rendimento para além da recolha de trufas, dado que esta última é um trabalho sazonal.

Em primeiro lugar e com a mesma percentagem **28,1%** vem a agricultura e o trabalho na floresta, em segundo lugar vem a criação de animais com **25%** e em terceiro e último lugar e com a mesma representação vem o trabalho na cidade e a apicultura com **9,4%.**

No que diz respeito ao trabalho na floresta, geralmente recolhe cogumelos e bolotas e madeira morta para carvão vegetal e trabalha com empresas florestais. Para trabalho na cidade, é principalmente em alvenaria.

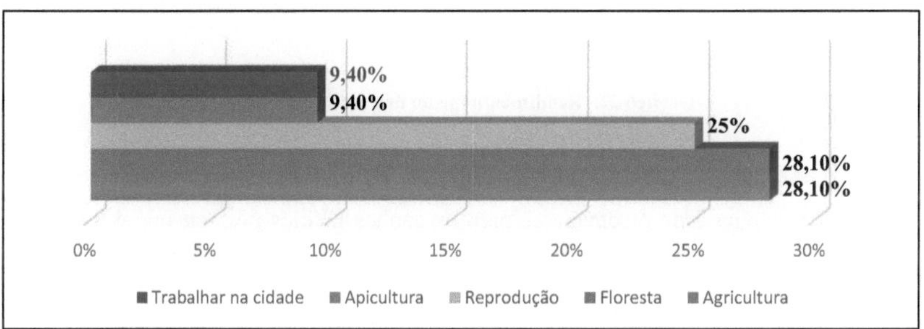

Gráfico 21 . Fontes de rendimento dos inquiridos, para além da recolha de trufas

3.6.2. Contribuição da recolha de trufas para os rendimentos dos inquiridos

A recolha de trufas é a principal fonte de rendimento para aqueles que a praticam, especialmente durante a época de produção. Abaixo encontra-se um gráfico que mostra o rendimento médio das pessoas inquiridas por semana.

O escalão mais presente é o da média entre 500 e 1000 DMA com uma percentagem de **36,7%,** seguido pelo de menos de 500 DMA com **30%,** depois o escalão de mais de 4000 DMA com **20%** e o de entre 1001 e 2000 DMA com 6,7% e finalmente com a mesma representação **3,3%** vem o escalão entre 2001 e 3000 DMA e entre 3001 e 4000 DMA.

Este rendimento é utilizado principalmente para satisfazer as necessidades diárias através de compras todas as semanas. As mulheres depois de venderem as trufas recolhidas gastam o dinheiro ganho em utensílios de cozinha, roupas para os seus filhos e, claro, em mercearias. As raparigas não casadas que recolhem trufas utilizam o dinheiro para comprar jóias de ouro para guardar para os seus casamentos.

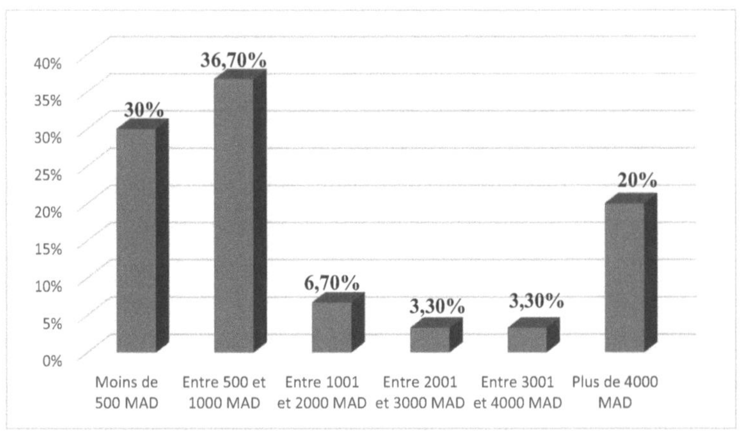

Gráfico 22. Rendimento médio das vendas de trufas por semana

A média sazonal dos ganhos pode ser estimada. Para os dias úteis, assume-se que o período de recolha é de 6 semanas e para os ganhos médios por semana, é tomada a média de cada intervalo.

Quadro 11 Rendimento médio por semana e por época de coleccionadores de trufas no Maâmora.

Aulas de rendimento por semana (MAD)	Rendimento médio por semana (MAD)	Rendimento médio por estação (MAD)
0 - 500	250	1500
500 - 1000	750	4500
1000 - 2000	1500	9000
2000 - 3000	2500	15000
3000 -4000	3500	21000
> 4000	Mais de 4000	24000

O rendimento sazonal varia entre 1.500 MAD e mais de 24.000 MAD, dependendo do preço de venda e das quantidades vendidas.

Todos os inquiridos revelaram que esta média nem sempre foi assim. Estes rendimentos cresceram em comparação com os rendimentos de há 10 a 20 anos atrás. Este crescimento deve-se principalmente ao aumento do preço de venda, que se situou entre 5 e 15 MAD/kg. O aumento do preço deve-se à diminuição da produção de trufas e ao aumento da procura. Escassez significa preço elevado.

3.7.　Restrições à recolha de trufas

Como qualquer actividade, a colecta de trufas tem tanto lados positivos como negativos. O lado negativo reflecte-se nas limitações sofridas pelos colectores deste recurso, que são apresentadas no gráfico abaixo:

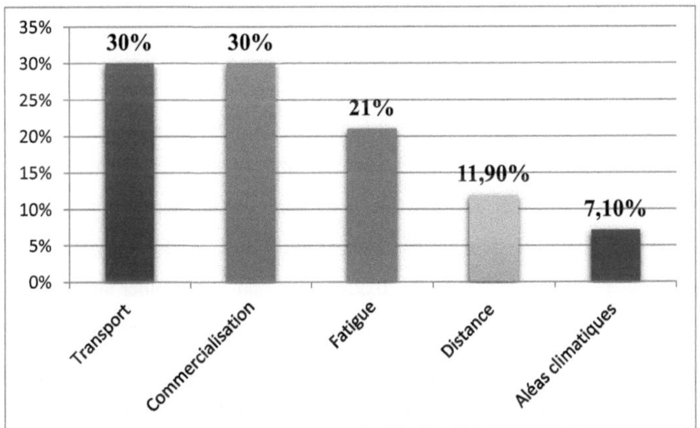

Gráfico 23 . Restrições à recolha de trufas no Maâmora

Deste gráfico, retirado dos inquéritos de campo, verificamos que o transporte e a comercialização são os dois maiores problemas sofridos pelos colectores com uma representação de **30%** para cada um, seguido de fadiga (dificuldade de trabalho) com **21%**, a distância a cobrir com **11,90%** e finalmente os riscos climáticos com uma percentagem de **7,10%.**

Quanto ao transporte, há três aspectos: o primeiro é a possibilidade de não encontrar um meio de transporte para chegar ao local de recolha. O segundo são os custos de transporte, que variam entre 10 e 50 DMA por dia e por pessoa, dependendo da distância do local, e o terceiro é o intermediário, que fornece o transporte, mas na condição de os custos serem deduzidos do preço de compra da trufa.

Quanto à comercialização, que não está organizada, especialmente o preço de venda, que não é fixo, e isto deve-se à intervenção de intermediários que apenas reduzem o preço e os colectores são obrigados a vender, uma vez que não têm outras alternativas.

Pode concluir-se que os intermediários representam a principal limitação para a comercialização de trufas.

No que diz respeito ao cansaço, deve-se ao facto de ficar o dia todo com as costas dobradas à procura de trufas no chão. Quanto à distância, a maioria dos colectores vive longe das zonas de produção de trufas e têm de percorrer dezenas de quilómetros se não conseguirem encontrar um meio de transporte ou se não tiverem dinheiro para o fazer.

E finalmente, para os riscos climáticos, pode ser explicado pelo facto de se ter de trabalhar quaisquer que sejam as condições climatéricas, na chuva, sob um sol ardente ou durante os dias de frio intenso.

3.8.   A sustentabilidade da trufa no Maâmora

A produção de trufas na floresta de Maâmora diminuiu acentuadamente de acordo com os colectores e é provável que continue a diminuir até ao seu desaparecimento. Além disso, já é este o caso, existem certos lugares onde a trufa já não se regenera.

Os inquiridos revelaram que há 10 a 20 anos atrás podiam recolher até 7 quilos por dia, o que hoje já não é possível. Até estimaram que as trufas poderiam desaparecer dentro de 25 anos.

Há várias razões que ameaçam a sustentabilidade da trufa na Floresta de Maâmora, que se resumem na Figura 1.

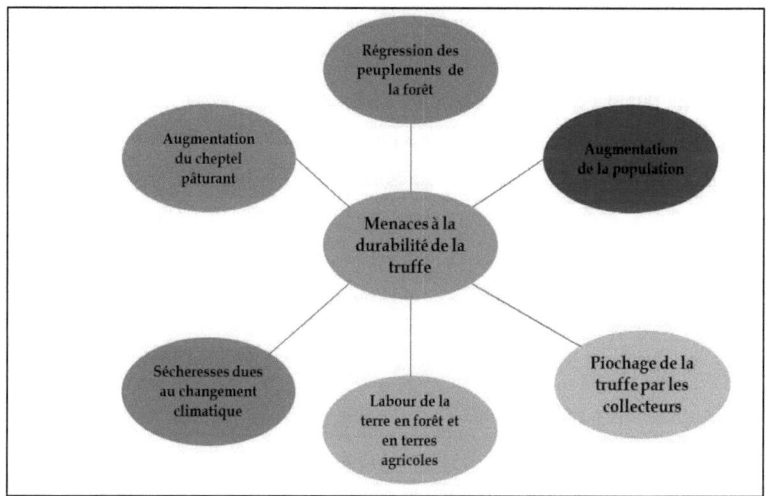

Figura 1 . Ameaças à sustentabilidade da trufa

De facto, vale a pena mencionar que as trufas requerem condições específicas para uma boa produção. As trufas só crescem em áreas de pastagem preservadas, áreas onde nenhum factor externo as pode impedir. A lavoura, a recolha de trufas pela seiva, a redução da cobertura vegetal (*Helianthemum*) e o atropelamento intenso de animais são factores ligados ao crescimento populacional e ao aumento das necessidades das populações. As secas cada vez mais intensas e longas estão mais relacionadas com as alterações climáticas, das quais o Maâmora não é poupado, tal como todo o país.

As trufas são, em geral, muito sensíveis à mudança do biótopo e são, portanto, muito influenciadas pela gestão, exploração florestal e substituição de espécies florestais.

Conclusão

A floresta de Maâmora desempenha o papel de campo de trufas para 5 espécies de trufas marroquinas, duas das quais são as mais conhecidas e as mais recolhidas. A primeira é *Terfezia arenaria* conhecida como a "terfess rosa de Maâmora", associada a *Helianthemum guttatum*, a segunda é *Tuber oligospermum* conhecida localmente como a "terfess de taida", associada ao reflorestamento de pinheiros.

A trufa é um dos produtos florestais não lenhosos mais procurados pelas suas propriedades medicinais e usos culinários. Mas não é consumido localmente. As trufas são principalmente exportadas para os mercados europeus (Itália, França) e para os países do Golfo (Arábia Saudita, Emirados, Kuwait) pelos seus valores nutricionais e afrodisíacos. É um prato de prestígio que só a classe rica pode pagar.

Oferecendo oportunidades para a criação de empregos sazonais, a recolha de trufas é uma fonte significativa de rendimento para a população rural local, que tira partido dela para assegurar as necessidades da vida quotidiana. No entanto, este rendimento nem sempre é suficiente, especialmente com o declínio da produção de trufas na floresta de Maâmora, que se deve principalmente à lavoura da floresta, ao sobrepastoreio e à exploração insustentável deste precioso cogumelo, que ainda conserva a sua boa qualidade.

A sustentabilidade do recurso não é o único constrangimento que ameaça os colectores de trufas. É sobretudo o preço, que não é fixo e que varia em resultado de uma série de factores, dos quais a intervenção de intermediários é a mais prejudicial.

Face a esta situação alarmante, está fora de questão assistir ao desaparecimento deste tesouro enterrado no Maâmora e ao sofrimento da população local que se agarra a esta actividade na ausência de outras oportunidades de emprego permanente que lhes permitam escapar à sua pobreza e vulnerabilidade.

Capítulo 5. Cultura de lavanda em Oulmes: gestão, comercialização e impacto socioeconómico

Introdução

Conhecida e utilizada desde a antiguidade, a lavanda tem a sua origem na Pérsia (Belmont, 2013). É uma das "plantas úteis", um termo que agrupa plantas que têm propriedades medicinais ou cosméticas (Jaegly, 2003).

Está presente em várias espécies e representa o género mais importante e mais rico da família Lamiaceae. Este género é conhecido pelos seus múltiplos usos: alimentar, forrageiro, aromático, cosmético e medicinal. As suas espécies têm uma ecologia e fitogeografia diversificada.

Com a sua cor violeta-azul, traz frescura a paisagens frequentemente áridas. É também uma das poucas actividades económicas adaptadas às regiões marginalizadas e negligenciadas (Jaegly, 2003).

Para além das suas virtudes terapêuticas e aromáticas, vários mitos foram ligados à lavanda, que se pensava ter a capacidade de afastar os maus espíritos (Peyron, 2015).

O desenvolvimento científico, especialmente no campo médico, fez-nos esquecer as terapias ancestrais. A orientação actual para um estilo de vida saudável reavivou estas práticas. Há uma tendência crescente para medicamentos mais suaves e menos nocivos, baseados em produtos mais ecológicos e menos modificados. Assim, todos optam por práticas baseadas na utilização de óleos essenciais de plantas tais como: aromaterapia e fitoterapia (Jaegly, 2003; Gainard, 2016).

O cultivo da lavanda permitiu o desenvolvimento da apicultura. As abelhas desempenham assim um papel indispensável na reprodução das plantas e na manutenção de uma diversidade genética de espécies (Jaegly, 2003).

O objectivo deste capítulo é estudar o cultivo da lavanda em Oulmes e avaliar a sua contribuição para o desenvolvimento socioeconómico da população local.

1. Abordagem metodológica

1.1. Área de estudo

A comuna de Oulmès (33° 25′ 00″ norte, 6° 01′ 00″ oeste) cobre 68.600 hectares, e situa-se sob a província de Khémisset. Tem 19.014 habitantes (Cercle d'Oulmès, 2007). É essencialmente constituída pelas montanhas do Atlas Médio (planalto central) e florestas ricas em fauna e flora, que constituem 53% da sua área de superfície. O relevo é montanhoso com uma parte central plana correspondente à terra cultivada. Estes últimos são muito férteis, com uma predominância de solos vermelhos "Hamri", seguidos por solos arenosos "Armel", e solos menos desenvolvidos chamados "Chmerkhi" compostos por uma mistura de argila e xisto (Gattefossé, 1932).

O clima é sub-húmido com variantes quentes e temperadas. A precipitação (756 mm/ano) concentra-se no Inverno e os meses mais secos são Junho, Julho e Agosto. Os meses mais quentes são Junho e Julho (TMax 33°C e Tmin 17°C), e o mês mais frio é Janeiro (TMax 13°C e Tmin 3°C) (Ionesco e Mateez, 1960; Cercle Oulmès, 2007).

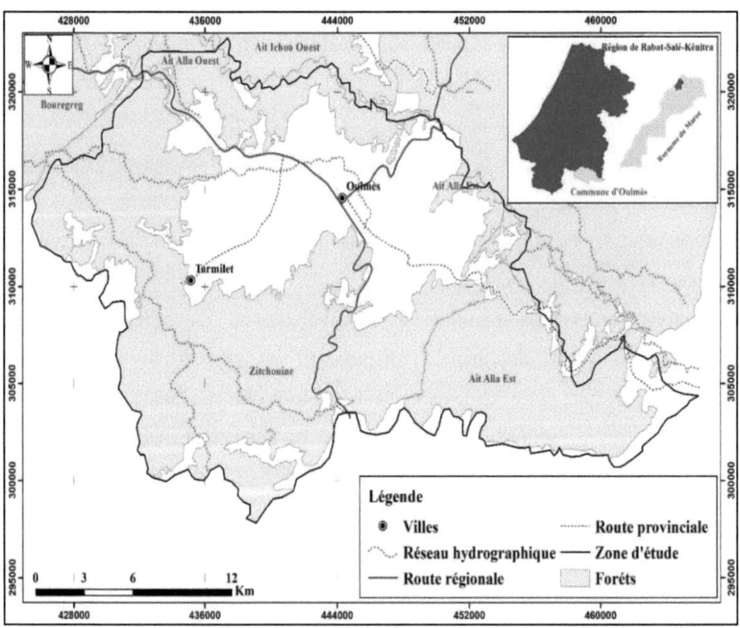

Cartão 10 . Localização geográfica da comuna de Oulmes

1.2. Metodologia adoptada

O estudo foi baseado em duas fases: investigação documental e inquéritos de campo.

Passo 1: Investigação documental

Foi recolhida tanta documentação quanto possível sobre lavanda cultivada. Além disso, foram realizadas reuniões com pessoas de recurso, investigadores do INRA e engenheiros da DPA em Khémisset.

Etapa 2: Levantamentos de campo

Foram realizados inquéritos socio-económicos com 30 lavradores de lavanda das duas casas em questão e uma visita à cooperativa Al Khozama em Oulmès. (Anexos 2 e 3).

Os duplos produtores de lavanda estão localizados a oeste da comuna de Oulmès, muito perto do duplo de Ait Atta, o berço da lavanda, e onde os solos arenosos são favoráveis ao seu cultivo. A dispersão dos duplos torna os inquéritos muito difíceis, dadas as distâncias envolvidas.

> **Amostragem**

Os inquéritos diziam respeito a 30 agricultores espalhados por todos os duplos que praticam o cultivo da lavanda. Alguns foram entrevistados no local e outros foram recebidos no souk de Oulmès. Os lavradores foram escolhidos de acordo com a dimensão das suas terras cultivadas com lavanda. Além disso, foram organizados workshops com os produtores de lavanda e os agentes da autoridade, a fim de beneficiar dos conhecimentos e informações administrativas dos agricultores sobre lavanda e a comuna de Oulmes.

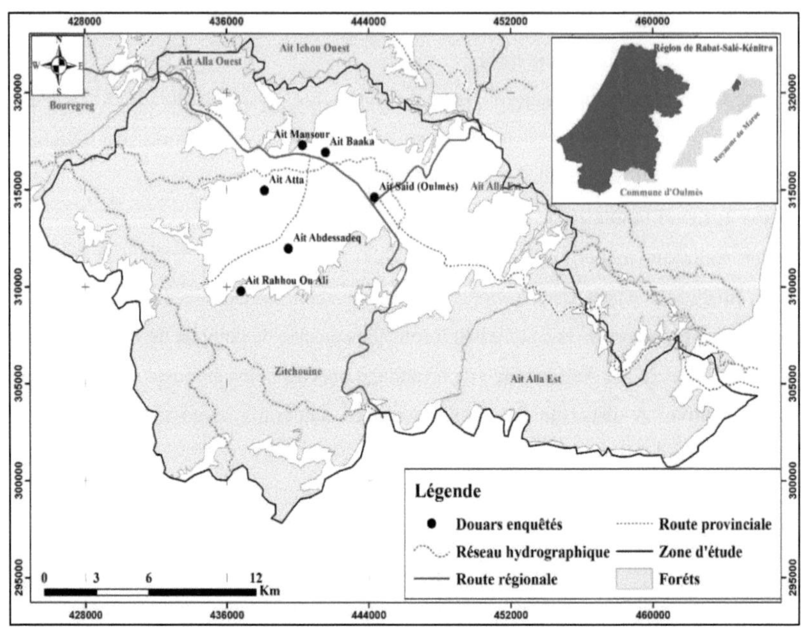

Cartão 11. Localização das duplas inquiridas em Oulmès

Os duplos produtores de lavanda estão espalhados pelo oeste da comuna de Oulmès. É nesta parte que o tipo de solo arenoso é favorável para o cultivo do lavandim.

Trinta (30) inquéritos foram realizados nos 6 pares produtores de lavanda e distribuídos de acordo com o tamanho dos pares: Ait Atta com **43,3%** dos inquiridos, Ait Rahhou ou Ali com **20%**, e Ait Saïd (Oulmès) com **16,7%**.

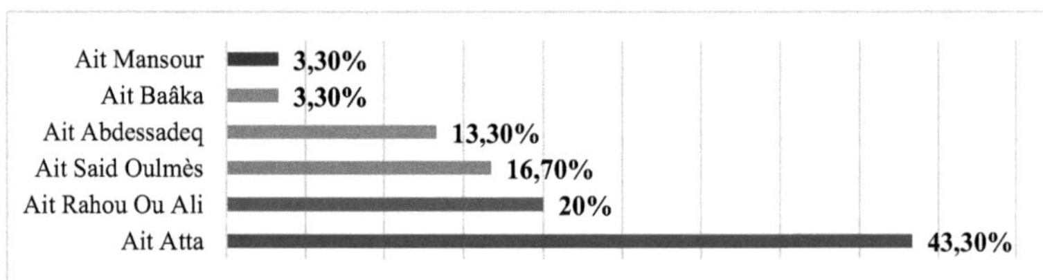

Gráfico 24 . Distribuição (%) dos inquiridos por douar

A importância dada ao douar Ait Atta deve-se especialmente ao facto de ter sido o berço do cultivo da lavanda em Oulmès. Abrange dois terços da área sob lavanda, e quase todos os seus habitantes praticam esta cultura.

> **Ferramenta de investigação utilizada: o questionário**

O estudo é realizado na sequência de uma série de inquéritos realizados com a ajuda de um questionário pré-estabelecido, incluindo perguntas fechadas sobre todas as fases do sector, desde a montante (cultivo e produção) a jusante (comercialização), e sobre o aspecto socioeconómico dos inquiridos. Houve também perguntas abertas para obter as opiniões livres dos lavradores de lavanda.

Os dados foram processados pela Sphinx e Excel.

2. Informação geral sobre lavanda cultivada

2.1.　O que é a alfazema?

Lavanda, cujo nome científico é *Lavandula,* está na subclasse Asteriaceae, encomenda Lamiales, família Lamiaceae. Existem mais de trinta espécies de lavanda. Cresce naturalmente ou em cultivo. Prefere solos áridos, secos e ensolarados acima dos 600 metros. O caule é folhoso na base e nu no topo. As folhas são verde-acinzentadas, longas, estreitas, sem pé e opostas. As flores estão agrupadas em espigões na parte superior da planta e são de uma bela cor azul-púrpura. A lavanda pode ser encontrada com flores cor-de-rosa ou brancas. O cheiro a lavanda é característico: forte, ligeiramente camphorated (Jaegly, 2003; Gainard, 2016).

2.2.　História de utilização da Lavanda

A utilização de lavanda em medicina e perfumaria remonta à antiguidade. Foi utilizado principalmente pelos seus poderes desinfectantes, as suas propriedades calmantes e curativas, as suas propriedades vermífugas e para tratar histeria ou epilepsia.

 Foi amplamente utilizado pelos gregos e romanos e é mencionado na maioria dos livros de medicina. O médico grego Dioscorides (20 e 40 AD), recomenda infusões de lavanda no seu Tratado sobre Assuntos Médicos e considera-o entre as plantas preciosas. Theophrastus menciona o lavanda entre as cerca de cinquenta substâncias utilizadas pelos gregos. Os assírios, nos jardins de Semiramis, utilizavam lavanda em pó e óleo (Jaegly, 2003; Peyron, 2015).

O rei Mithridates (135-63 AC) usou-o para fazer "Theriac", um remédio para mordeduras de cobras. Até à Idade Média, a palavra "lavanda" era utilizada apenas para a lavandaria. Outras lavandas foram chamadas "spic". No século XVIII, todos eles foram finalmente determinados e classificados do ponto de vista botânico. Hildegard (1098 - 1179) utilizou-o na preparação de uma colírio. Os monges utilizaram-no extensivamente para fazer cataplasmas e unguentos. A lavanda era utilizada em tempos de grandes epidemias sob a forma de fumigações e rebocos. Para evitar a propagação da peste, foi queimada nas ruas para purificar a atmosfera e manter afastados os insectos responsáveis pela transmissão da doença. [ème]No século XVII, foi utilizado na corte do Rei de França para se livrar dos vermes (pulgas, insectos e traças) e para mascarar os odores por vezes desagradáveis (Jaegly, 2003; Peyron, 2015).

No antigo Egipto, uma civilização cuja vida após a morte era tão importante e sagrada como a vida na terra, uma civilização que acreditava na vida eterna, o lavanda era altamente considerado e era utilizado para fazer bálsamos preciosos que eram utilizados, entre outras coisas, para embalsamar os mortos. Quando o último local de descanso de Tutankhamen foi descoberto durante as escavações, ainda cheirava a lavanda após 3.000 anos. Os vivos utilizavam-na como água de casa de banho e colocavam urnas perfumadas no túmulo dos seus mortos.

A lavanda tornou-se a planta dos amantes que se deram pequenos cachos de lavanda uns aos outros como sinal de amor. As mulheres usavam uma saqueta de lavanda seca na sua pele na esperança de atrair a sua amada, e na Irlanda uma saqueta de lavanda estava presa à liga da noiva para assegurar um casamento bem sucedido. Os gregos adornaram as virgens que sacrificaram aos deuses com flores de lavanda (EGK, 2008).

2.3. Alfazema espontânea em Marrocos

Em Marrocos, existem quatro áreas geográficas conhecidas pela produção de lavanda espontânea de diferentes espécies localmente chamadas "Halhal". Assim, notamos (Bachiri et al. , 2015):

a. O planalto central "Oulmès, e Aguelmous", duas variedades estão presentes *Lavandula stoechas* e *Lavandula pedunculata spp atlantica* ;

b. O Atlas Central Médio "Ait Amro Ouali": *Lavandula pedunculata* é encontrado;

c. A planície de Sais "Ain Jerri": *Lavandula multifida* é encontrada;

d. O Alto Atlas "Ourika watershed": *Lavandula maroccana* e *Lavandula dentata* *são* encontrados.

3. Resultados e discussões

3.1. Cultivo de lavanda em Oulmes

3.1.1. Espécies cultivadas

Na comuna de Oulmès, o tipo de lavanda cultivada é a *Lavandula hybrida abriais* (a lavandina abrial), uma lavandina híbrida resultante do cruzamento da lavanda officinal (*Lavandula angustifolia*) com a lavanda áspica (*Lavandula latifolia*). É localmente chamado "Al Khozama".

Existem duas outras espécies de alfazema cultivadas no mundo. Lavandin super e lavandin grosso que tem muito em comum morfologicamente com o lavandin abrial (Zrira, 2018).

Os agricultores de lavanda já experimentaram ambas as variedades mas não conseguiram mantê-las, pelo que a cultura não produziu nada. Além disso, as pessoas que entrevistamos confirmaram que a França, o berço do lavandin grosso, impede o seu cultivo em outros países. Não permitiu que vários produtores marroquinos o importassem.

Foto 1. Flores de *Lavandin abrial* (©
Hakkou, 2018)

Foto 2. Campos de lavanda em Oulmes (© Hakkou, 2018)

3.1.2. História do cultivo da lavanda em Oulmes

O cultivo da lavanda foi introduzido em Ait Atta no início dos anos 50 por um colonizador francês chamado "Delubac". Após a independência, estas plantações foram negligenciadas e a sua extensão permaneceu limitada. Só no início dos anos 90 é que esta cultura se expandiu significativamente, devido a uma procura crescente no mercado local. Esta exigência levou os agricultores a adoptar esta cultura no seu sistema de produção, e a dar-lhe um lugar cada vez mais importante em relação às culturas tradicionalmente cultivadas. Este resultado do inquérito também foi relatado por Echgada (2011).

3.1.3. Evolução da área cultivada de lavanda de Oulmès

A área de lavanda cultivada em Oulmès sofreu uma notável evolução progressiva (Figura 3). Aumentou de **45 ha** em 1958 para mais de **4000 ha** em 2018. A introdução de lavanda em Oulmes começou com o colonizador francês com **45 ha**, mas após a sua partida a cultura foi negligenciada e a área diminuiu para **26 ha.** Depois, um vendedor ambulante chamado Sr. Khalfi a quem a parcela foi vendida, e cujos descendentes ainda trabalham no cultivo da lavandina, instalou um viveiro a partir da lavanda dada pelos franceses, e plantou lavanda numa parcela de 7 ha arrendada a 2.500 MAD/ano. Assim, a superfície de lavandina começou a aumentar até atingir **118 ha** em 1996, especialmente quando outros agricultores começaram a recorrer a esta cultura.

O ano de 2011 foi o ano em que o cultivo da lavanda passou de **240 ha** em 2006 para **2000 ha** em 2011. Isto deve-se às tentativas do conselho agrícola de promover a cultura, sensibilizando os agricultores para as suas vantagens e benefícios; assim, o número de agricultores de lavanda aumentou de 125 em 2006 para 250 em 2011. O método de associação da agricultura tem contribuído para este aumento. A associação consiste em arrendar terra para cultivar lavanda, e o rendimento é dividido em três formas: 1/3 para o proprietário, 1/3 para as despesas e 1/3 para o agricultor (que arrenda a terra). Mas actualmente a associação tornou-se metade e metade após dedução das despesas: 50% para o proprietário da terra e 50% para o agricultor

Em 2018, a área sob lavandim era superior a **4000 ha**, com mais de 300 agricultores.

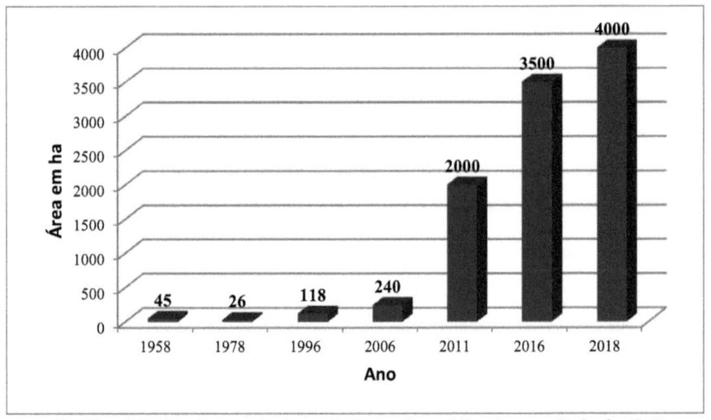

Gráfico 25. Evolução da área de lavanda cultivada em Oulmès (ha)

3.1.4. Distribuição de lavanda na região de Oulmes

A lavanda cultivada está concentrada principalmente nos pares localizados a sudoeste do centro de Oulmes (mapa 12). As parcelas em roxo claro são actualmente cultivadas com lavanda (Setembro de 2018) e a área chocada em roxo é a sementeira global de lavanda com a lavanda (12 a 20 anos)/rotação de cereais ou pousio (4 anos). Esta rotação permite que as parcelas cultivadas com lavanda descansem e assim recuperem a fertilidade do solo. O mapa da distribuição de lavanda cultivada foi elaborado com base em levantamentos de campo, discussões com os agricultores e agentes da autoridade e a partir de imagens fornecidas pelo Google Earth para delimitar as parcelas cultivadas.

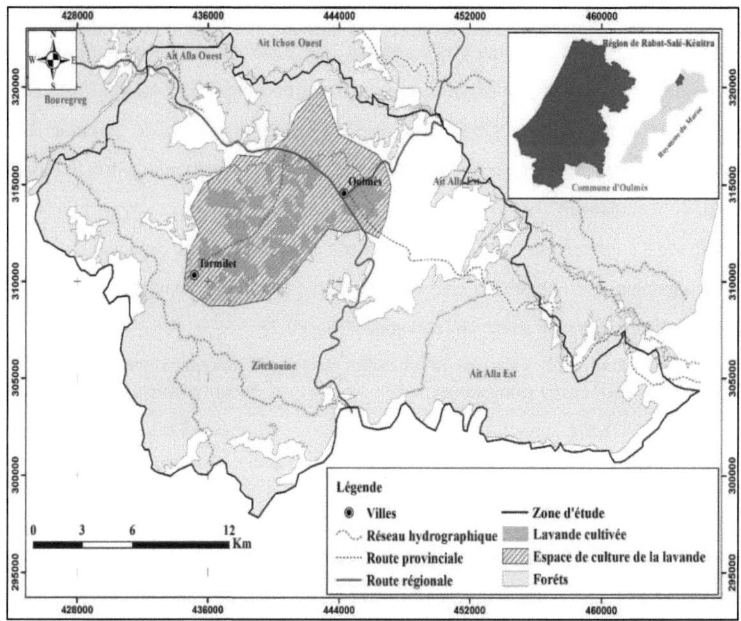

Cartão 12. Mapa de distribuição de lavanda cultivada em Oulmes

3.1.5. Instalação da cultura

De acordo com os lavandeiros, a qualidade da lavandina depende do clima. Lavandin prefere o clima frio, o que explica o sucesso do seu cultivo em Oulmes, onde o Inverno é frio e húmido com uma precipitação anual de cerca de 660 mm.

A zona de cultivo de lavanda de Oulmes é caracterizada por dois tipos principais de solo, pertencentes às classes de solo "pardo" e "subdesenvolvido

A lavanda cultivada em Oulmes é um híbrido estéril conhecido como "Lavandin". É uma cultura plurianual. A produção de plantas é feita por estacas nos viveiros. A propagação vegetativa consiste em induzir o enraizamento e a brotação de fragmentos de ramos (estacas) retirados das plantas-mãe. Cortes de 15 cm são retirados dos caules de tufos bastante desenvolvidos de 4 a 10 anos de idade. São depois plantadas em filas em solos drenantes, porosos e arenosos. São frequentemente irrigados. O viveiro é frequentemente instalado perto das parcelas a plantar.

A transplantação é feita na estação seguinte em parcelas recém-desbastadas através de lavouras profundas seguidas de afrouxamento da superfície. O solo do viveiro é humedecido antes de as plantas serem arrancadas para evitar quebrá-las. As estacas de ramos múltiplos que desenvolveram raízes separadas são subdivididas em duas a três plantas para aumentar o número de plântulas a serem transplantadas. As plântulas são plantadas em filas a diferentes espaçamentos que determinam o seu tempo de vida. Espaços de 1,5x1,5m são dominantes, uma vez que permitem uma longevidade de tufo de até 20 anos. Recentemente, os agricultores começaram a adoptar outros espaçamentos para alcançar uma maior densidade. O espaçamento entre linhas deve permitir a mecanização.

A qualidade e a duração de vida da lavandina plantada depende do espaçamento entre as estacas transplantadas. Quanto mais perto estiverem espaçados, mais curta é a vida útil, mas os rendimentos por hectare são elevados (Quadro 2).

Quadro 12. Vida útil do lavandim em função do espaçamento

Espaçamento entre plantas (m)	Vida vegetal (anos)
1,5 x 1,5	18 à 20
1,5 x 1	12
1 x 0,7	15

A lavanda entra em produção a partir do terceiro ano e a produção máxima é atingida entre o 6° e o 8° ano. Quando os rendimentos diminuem devido à idade, os tufos são puxados para cima e a parcela é descansada ou cultivada com cereais durante alguns anos antes de ser replantada com lavanda. A rotação média é de 12 a 20 anos de lavanda e 4 anos de pousio ou cereais ou leguminosas para descansar a terra ou enriquecê-la (fertilizante, estrume).

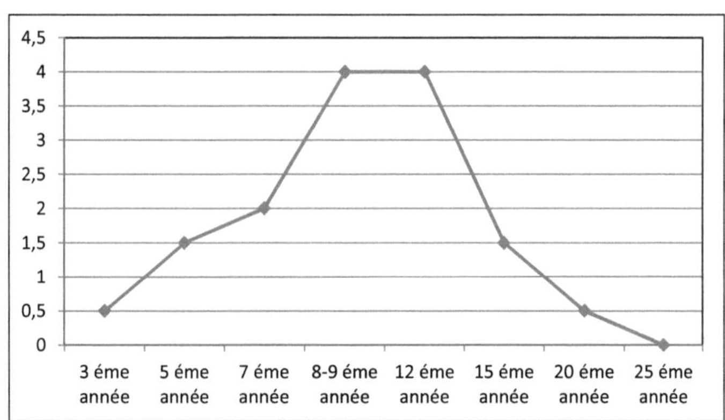

Gráfico 26 . Rendimento em toneladas de um hectare de lavandina por idade

A lavanda é cultivada na região de Oulmes num sistema pluvial (bour), sem fertilizante orgânico ou mineral e sem tratamento fitossanitário. A manutenção das plantações é limitada à monda manual, feita pelas mulheres, e periodicamente para eliminar ervas daninhas. A produção de flores de lavanda em Oulmès pode ser considerada como um produto biológico e é uma oportunidade para a sua valorização

Foto 3 . Um campo de lavanda mal cuidado (©Hakkou, 2018)

A colheita é feita em 3 a 4 colheitas repartidas por 1 a 3 meses, desde o início de Junho até ao final de Agosto. As flores colhidas devem ser manuseadas com cuidado para evitar ferimentos. Mais de dois terços da colheita têm lugar entre meados de Junho e meados de Julho de cada ano (65,5%).

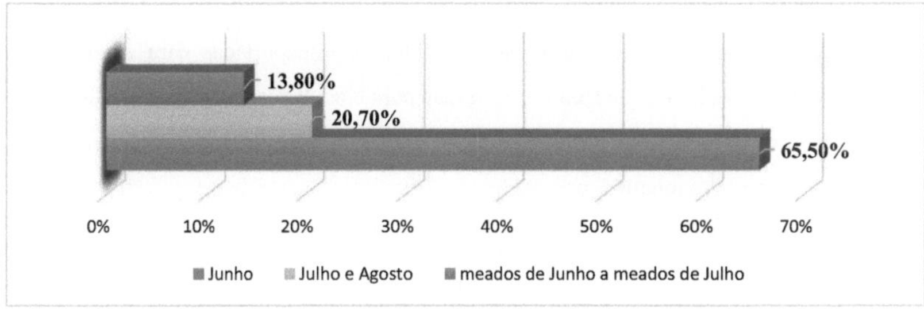

Gráfico 27 . Período de colheita de lavanda em Oulmes

Apenas os topos floridos são cortados e montados sob a forma de roldanas. A colheita é feita manualmente utilizando foices e uma mão-de-obra local, principalmente mulheres. A mão-de-obra necessária para a colheita varia de uma exploração agrícola para outra, dependendo da área e da densidade da plantação. As áreas de plantação variam de 0,5 ha a mais de 200 ha. Durante os inquéritos, encontrámos um grande e antigo lavrador em Oulmès, cuja área plantada é de 250 ha. Ele é o filho do homem a quem o colonizador francês deu o campo de alfazema antes de deixar o país em 1958.

A maioria dos agricultores utiliza uma mão-de-obra de 10 a 35 pessoas, já que a maioria deles plantou áreas de 5 a 30 ha. A força de trabalho em Oulmès recebe 70 MAD por dia. O dia de trabalho começa às 7h e termina às 16h, com uma hora de descanso das 12 às 13h para o almoço, que é pago pelos trabalhadores (8 horas de trabalho por dia). Actualmente, os trabalhadores preferem trabalhar no local sem descanso, para poupar tempo e ir para casa mais cedo, enquanto executam a mesma quantidade de trabalho.

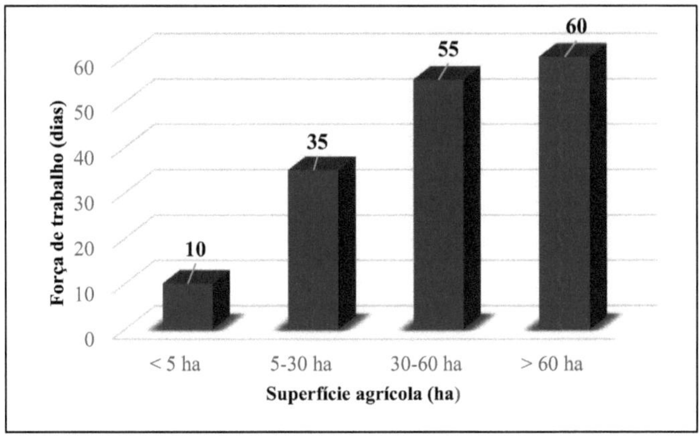

Gráfico 28. Mão-de-obra necessária para a colheita de lavandina de acordo com a área das plantações

Após a colheita, as flores ensacadas são recolhidas e transportadas para as zonas de secagem e debulha (Gaâ), que foram preparadas para elas. Estas áreas são instaladas em espaços abertos para facilitar a secagem das roldanas. O solo é batido ou coberto com uma lona para evitar a mistura com o solo.

Para secar os feixes de flores, são soltos ao ar livre durante 2 a 4 dias e virados com garfos para expor todas as partes e evitar o apodrecimento.

A trincheira é normalmente realizada de forma tradicional, utilizando leves batidas nos cachos de flores para separar as flores dos caules das espigas. É então realizado um processo de peneiramento para isolar as flores dos caules.

As flores são então embaladas em sacos de juta antes de serem comercializadas. Quanto menos caules houver, melhor será a qualidade do produto. Deve-se notar que um aspecto da fraude por parte de alguns cultivadores ou intermediários é a adição de caules ao produto. As flores são então armazenadas longe da humidade em galpões ou dentro de casas.

Foto 4. Flores de lavanda em sacos (© Hakkou, 2018)

Foto 5. Os resíduos deixados após a separação das flores (© Hakkou, 2018)

As fases do cultivo da lavanda estão agrupadas nesta tabela

Quadro 13 Calendário de cultivos para lavandina em Oulmes

Passos	Período
Plantação	Dezembro - Janeiro
Controlo de ervas daninhas	Março - Maio
Colheita e secagem	Junho - Agosto

3.1.6. Custo da plantação de lavanda

O cultivo bem sucedido da alfazema requer um investimento significativo. Cada etapa por que passa requer trabalho específico. O quadro 4 resume o custo de cada tarefa executada.

Quadro 14. Custo de plantação de um hectare de lavandim

Trabalho		Custo em MAD /ha	Unidade	Total
Lavouras		5000	1	5000
Compra de recortes		1-1,5	4500	4500-6750
Plantação		5000-7000	1	5000-7000
Controlo de ervas daninhas	Lavoura transversal	350	2	2100
	Força de trabalho	70	20	
Custo total de plantação por hectare				16 600-20 850

O custo total de plantação de um hectare de lavandina é de 16.600-20.850 MAD, e pode atingir até 30.000 MAD. O custo da plantação varia principalmente em relação ao aumento do preço de compra das estacas e da mão-de-obra.

3.2. O papel da lavanda cultivada no desenvolvimento socioeconómico da região

3.2.1. Aspecto sócio-económico dos lavradores de Oulmes

- **Estrutura etária por sexo**

Todos os agricultores de lavanda são homens, uma vez que a agricultura nos duplos é geralmente uma tarefa masculina.

O grupo etário com mais de 50 anos é o mais presente, com uma percentagem de **60%**. Segue-se o grupo etário entre 41 e 50 anos com uma representação de **20%**, o grupo etário entre 31 e 40 anos com **13,3%** e finalmente o grupo etário entre 20 e 30 anos com **6,7%**. Não há jovens com menos de 20 anos de idade.

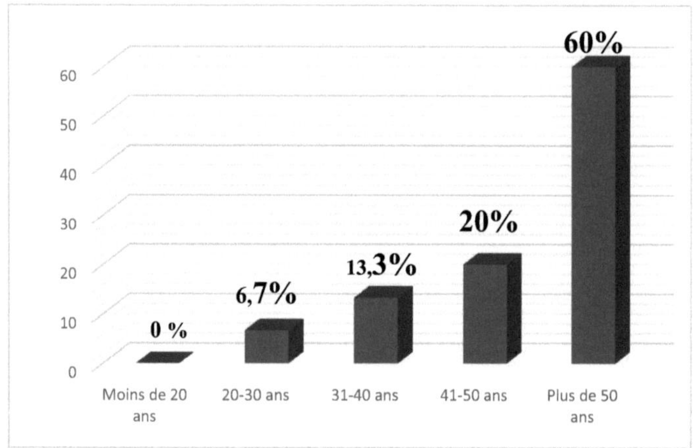

Gráfico 29 . Estrutura etária dos cultivadores de lavanda inquiridos

De facto, os lavandineiros são já agricultores que exercem esta profissão desde a sua infância e que possuem este saber-fazer, o que explica o facto de a maioria ter mais de 40 anos de idade (80%). Para os jovens com menos de 30 anos, que representam apenas 6,7%, isto deve-se ao facto de os jovens deixarem o seu douar para estudar na cidade e depois trabalharem lá, preferindo não voltar ao douar.

- **O nível de educação dos inquiridos**

Os dois grupos mais representados são os que têm o ensino secundário e os analfabetos, com uma percentagem de 40% e 36,7% respectivamente. Segundo os inquiridos, há 50 anos e mais, as autoridades duar obrigaram as famílias a inscrever os seus filhos na escola, caso contrário seriam punidos, o que explica o facto de dois terços (63,3%) terem um nível de educação, mesmo que seja médio para a maioria.

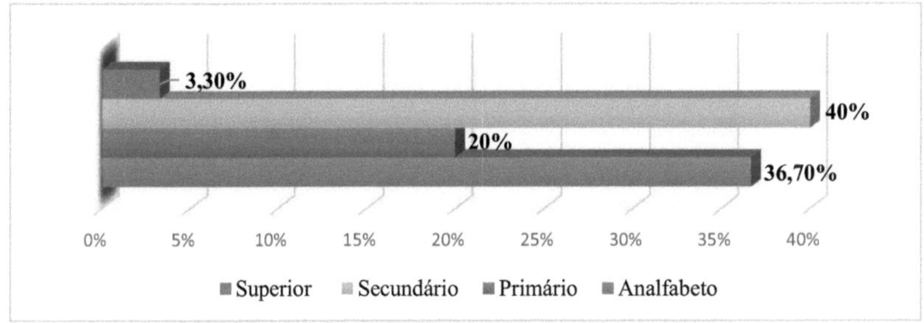

Gráfico 30. Nível educacional dos agricultores inquiridos

- **Tamanho do agregado familiar**

Os inquiridos cujo agregado familiar se situa entre 3 e 5 pessoas representam dois terços com uma percentagem de **66,7%,** seguidos pelos agregados familiares de mais de 5 a 7 pessoas com **20%,** e finalmente os de mais de 7 pessoas com uma representação de **13,3%.**

Pode então deduzir-se que a maioria tem 3 filhos ou até menos.

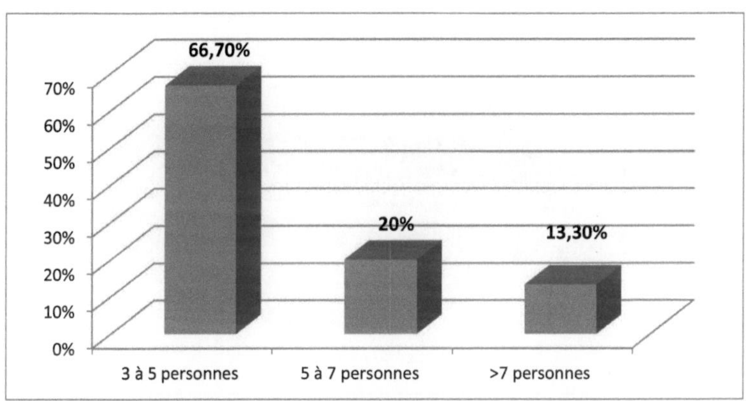

Gráfico 31 . Tamanho do agregado familiar dos inquiridos

- **História das práticas de cultivo da lavanda**

A maioria dos produtores de lavanda, **60%,** cultiva lavanda há entre 11 e 20 anos. Assim, podemos dizer que a história do cultivo da lavandina explica a faixa etária mais actual. Dois terços têm vindo a cultivar lavanda há pelo menos 11 anos e dois terços têm mais de 50 anos.

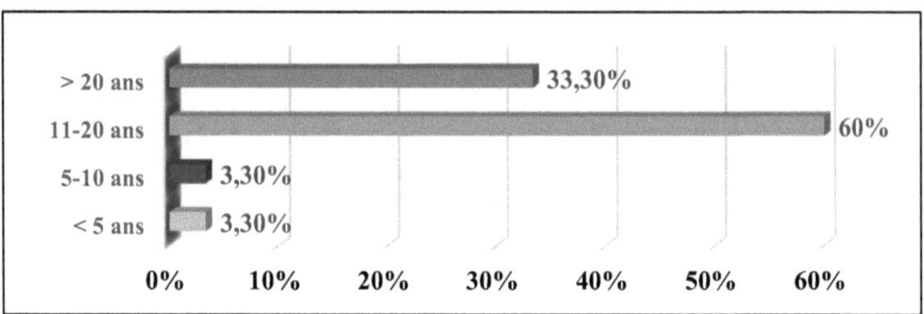

Gráfico 32 . História da prática do cultivo da lavanda

- **Fontes de rendimento dos inquiridos, para além do cultivo de lavanda**

O gráfico acima mostra as diferentes fontes de rendimento dos inquiridos, para além do cultivo da lavanda. A agricultura vem em primeiro lugar com uma representação de **53,1%**, em segundo lugar vem o gado com **42,9%** e em terceiro e por último vem a apicultura com **4,1%**.

É fácil explicar estes resultados, uma vez que a maioria dos habitantes das duplas são agricultores. A agricultura é a parte mais importante da economia do país.

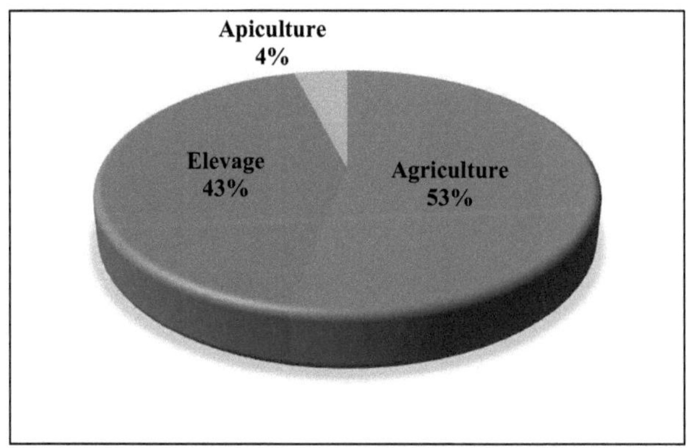

Gráfico 33. Fontes de rendimento dos produtores de lavanda inquiridos

3.2.2. Contribuição económica do cultivo da lavanda

3.2.2.1. O preço de venda

Após a independência, e precisamente desde 1963, o preço de venda da lavandina foi fixado em 30 MAD/kg. Este preço era imutável até aos anos 90, quando o cultivo de lavandina se expandiu significativamente. O aumento da área sob lavandina e do número de agricultores que a cultivam levou a um aumento da quantidade de lavandina produzida. Como resultado, a oferta é por vezes muito mais elevada do que a procura.

Não é apenas a oferta e a procura que decide o preço da lavandina, mas outros factores são por vezes muito mais importantes. A intervenção do intermediário entre o comprador e o vendedor nunca foi benéfica, especialmente para o vendedor, e este é também o caso da lavanda. Procurando ganhar o máximo possível, os intermediários procuram agricultores em dificuldades, que precisam de vender a sua produção a qualquer preço para pagar a mão-de-obra e cobrir as despesas durante o período de plantio. Assim, compram a um preço medíocre que varia entre 15 e 20 MAD e depois vendem aos ervanários pelo dobro do preço. Esta técnica seguida pelos intermediários resulta numa notável queda de preços e nenhum agricultor pode vender a um preço mais elevado, o que significa que nenhum outro agricultor pode vender a um preço mais elevado.

A fraude é também um factor importante para alterar o preço de venda, bem como a qualidade do produto. Alguns agricultores, para aumentar a quantidade a vender e para ganhar mais dinheiro, misturam as flores com os caules e os desperdícios da debulha (localmente chamados "guermouma", "creasse"). Há mesmo aqueles que foram ainda mais longe e começaram a adicionar areia do xisto (de cor azulada e a misturar-se com a flor), o que faz com que o preço desça para 15-17 MAD.

Os compradores vêm cada vez menos à Oulmes para comprar lavanda, especialmente porque em 2017, uma grande quantidade (120T) exportada para a Tunísia foi recusada e enviada de volta por causa de batota, o que resultou numa queda de preço de 35 DMA para 15 DMA.

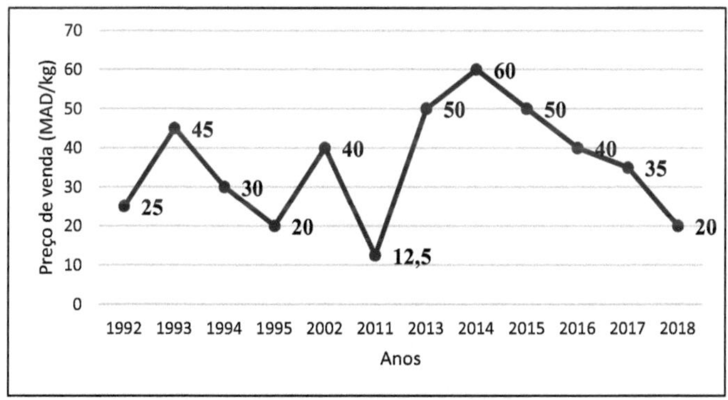

Gráfico 34. Variação do preço de venda da lavandina entre 1992 e 2018 (MAD /kg)

Na verdade, durante o mesmo ano, o preço não é fixo; varia entre o início do período de colheita e o fim. Assim, os agricultores revelaram que a venda de lavandina pode passar por três períodos:

Quadro 15 Evolução do preço de venda da lavandina durante o ano (média).

Período	Preço em MAD/kg
Início de Julho	25 - 27
Final de Julho - início de Agosto	40
Fim de Agosto	25 - 30

3.2.2.2. Circuito comercial de lavanda Oulmes

A comercialização da lavanda produzida passa geralmente por dois caminhos. A primeira, que representa **76,70% das** respostas recolhidas, é constituída pelos produtores de lavanda que vendem a sua produção directamente a ervanários de fora da área. Estes últimos vêm principalmente de **Oued Zem, Casablanca, Marraquexe, Kelâa des Sraghna, Fez e Meknes.** O segundo, com uma representação de **23,3%,** consiste em vender a intermediários sem saber o próximo destino do produto.

De facto, mesmo quando se vende a ervanários, os intermediários estão sempre presentes. São geralmente eles que trazem os compradores e negociam o preço.

A lavandina também se destina à exportação. É especialmente procurada na **Mauritânia, Mali, Emirados e Espanha.**

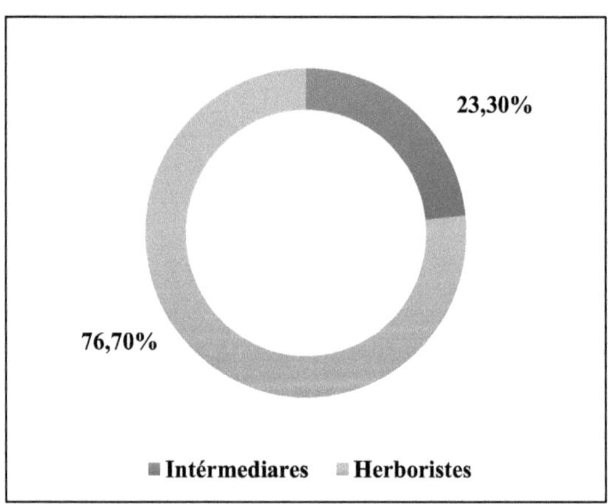

Gráfico 35. Circuito comercial de lavanda Oulmes

A evolução das exportações de flores secas de lavanda marroquina cultivadas em toneladas entre 2005 e 2013 é Flutuante. Pode-se ver que existem dois períodos principais. O primeiro é o período de 2005 a 2010 marcado por um aumento das exportações de 45 T em 2005 para 176 T em 2010 e o segundo período de 2010 a 2013 marcado por uma diminuição das exportações de 176 T em 2010 para 70 T em 2013. Os factores são apresentados na Figura 39.

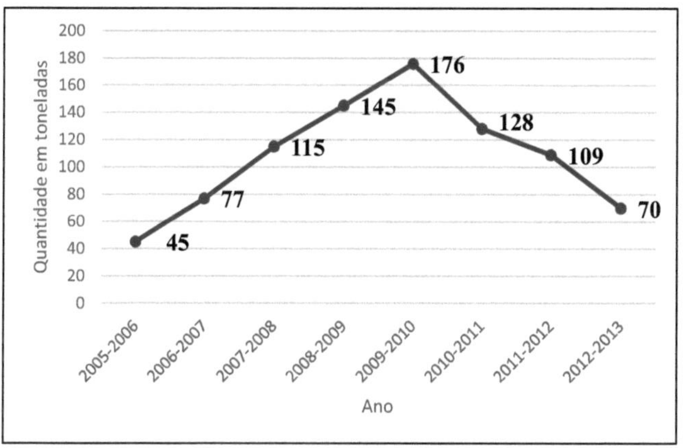

Gráfico 36. Evolução das exportações de flores secas de lavanda cultivada em Toneladas entre 2005 e 2013. (Fonte: EACCE, 2013)

3.2.2.3.   Geração de rendimentos a partir de lavanda cultivada

O rendimento da venda de lavandina é, para a maioria dos lavandeiros, a parte mais importante do seu rendimento em comparação com outras fontes.

Assim, o valor dos ganhos líquidos após a subtracção das despesas de cultivo e colheita (mão-de-obra), pode variar entre 10.000 DMA a mais de 300.000 DMA. Há mesmo alguns que podem ganhar até 800.000 MAD; estas pessoas têm frequentemente grandes áreas.

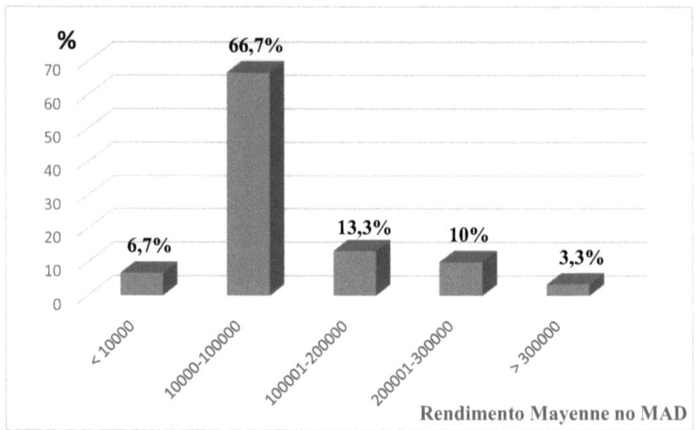

Gráfico 37. Distribuição do rendimento médio de lavanda para os cultivadores de lavanda inquiridos

3.3. Usos da lavanda cultivada em Oulmes

3.3.1. Área de utilização da lavanda cultivada pela população local

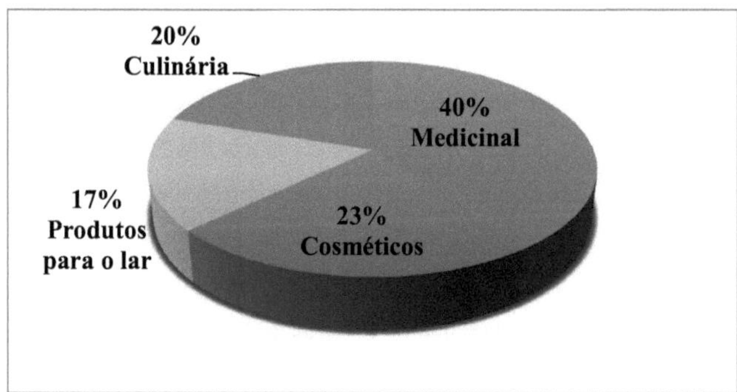

Gráfico 38 . Diferentes utilizações da lavanda em Oulmes em %.

A partir dos resultados do inquérito puderam ser identificados quatro usos principais da lavandina. Para 40% dos agricultores inquiridos, a lavandina é principalmente utilizada na medicina tradicional, seguida de 23% para quem a lavandina é utilizada em cosméticos e 20% para quem a lavandina pode ser utilizada em preparações culinárias e finalmente para 17%, a lavandina é utilizada no fabrico de produtos domésticos. **Na medicina tradicional**, as flores de lavandina são utilizadas para curar doenças estomacais, especialmente diarreia, e também como anti-séptico urinário e para o reumatismo. Para uso **cosmético**, as pessoas usam-no para fazer sabonetes naturais feitos em casa e para perfumar certos produtos capilares e corporais. Também utilizam as flores secas em saquetas para perfumar roupas e cobertores. Quanto ao uso **culinário**, diz respeito à produção de mel, que é muito procurada, uma vez que a lavandina é uma planta melífera que atrai abelhas, e para perfumar certos pratos. (Anexo 7).

Segundo Zrira (2018), as flores de lavandina são utilizadas em infusão como emmenagogo, estomacal, colagogo, bem como anti-séptico urinário e pulmonar. De acordo com Bellakhdar (1997), a lavanda natural é amplamente utilizada em Marrocos. *Lavandula dentata é utilizada* na região de Marraquexe e Souss em pó ou infusão no tratamento de doenças gastro-duodenais, litíase renal, e menstruação abundante. É também utilizado como tónico e diurético. Em Tissint, é prescrito como decocção para gastralgia, acidez gástrica e doenças hepáticas. Externamente, onde quer que exista, a planta fresca cortada é aplicada a feridas e ferimentos como vulnerária e anti-séptica. A *Lavandula multifida* e a *Lavandula maroccana* são utilizadas em toda a parte contra perturbações gastrointestinais e doenças pulmonares em pó ou em decocção. *Lavandula stoechas* e *Lavandula pedunculata* são utilizadas contra constipações, gripe, asma, tosse, bronquite e todo o tipo de constipações (reumatismo, lumbagos, etc.).

3.3.2. Extracção do óleo essencial de lavandina

Parte da produção é utilizada para destilação para extrair o óleo essencial. Esta destilação consiste em passar vapor através da flor para extrair o óleo essencial. A destilação é feita através de um alambique composto por dois compartimentos, um dos quais é para a água de destilação e consiste em duas unidades, um tanque para água fria e uma caldeira para o aquecimento da mesma. A outra é para o material vegetal (os topos florais). Estes dois compartimentos, feitos de aço inoxidável, são separados por uma placa perfurada que permite a circulação de vapor.

Foto 6. **Os componentes do imóvel** (©Hakkou, 2018)

As flores são empilhadas num recipiente através do qual flui vapor de água, e este vapor transporta a essência da flor. A mistura de vapor-essência sobe no pescoço de cisne e é depois arrefecida num condensador de serpentina.

Foto 7. Contentor para armazenagem de lavanda para destilação (©Hakkou, 2018)

Este recipiente, cheio com as tampas floridas de lavandina, produz entre **1,5** e **2,5 litros** de óleo essencial de lavandina; após condensação, torna-se novamente líquido. Esta mistura é recolhida num vaso florentino, chamado "essenciador", onde se instala naturalmente. A essência sobe então à superfície, uma vez que é mais leve que a água. O essenciador tem duas torneiras: uma para recolher o óleo essencial, e outra para remover a água destilada, que é a água floral de lavanda.

Foto 8. O essenciador que separa o óleo essencial da água (©Hakkou, 2018)

De acordo com Belmont (2013), os primeiros alambiques de destilação datam de 1905. O óleo essencial de lavanda é utilizado em aromaterapia como óleo de massagem relaxante pelas suas propriedades tonificantes, relaxantes musculares, anti-infecciosas e anti-inflamatórias. É também utilizado no fabrico de desinfectantes e em produtos domésticos, tais como sabões de lavandaria e produtos de higiene.

3.4. A cooperativa "Al Khozama": uma oportunidade de desenvolvimento mal explorada

A cooperativa "Al Khozama" foi criada em Dezembro de 2003 graças ao projecto de Perímetro de Desenvolvimento em Bour (PMVB) de Oulmès realizado pela DPA de Khémisset e pela CT de Oulmès para acompanhar e supervisionar os cultivadores de lavanda. O objectivo da sua criação era contribuir para a valorização da alfazema cultivada em Oulmès. Em 2005, a cooperativa "Al Khozama" beneficiou de apoio adicional do programa de cooperação suíço "apoio a iniciativas de governação ambiental e territorial", conduzido pela Enda Maghreb em parceria com a Escola Nacional de Agricultura de Meknes (ENA) e o Instituto Agronómico e Veterinário de Rabat (IAV).

Este programa proporcionou à cooperativa o desenvolvimento de capacidades através de formação, a construção de infra-estruturas, a aquisição de equipamento de destilação e a valorização da produção para além do produto bruto, a participação em feiras nacionais e internacionais (Echgada, 2011).

Desde 2006, a cooperativa tem iniciado acções de valorização, procurando variar os produtos derivados da lavandina em vez de os vender apenas a granel.

A cooperativa desenvolveu uma série de produtos, tais como: óleo essencial de lavanda, água floral de lavanda, mel de lavanda e saquetas de flores secas. Água floral de lavanda

O óleo essencial de lavandina de Oulmès ostenta o rótulo AOC (Denominação de Origem Protegida), sendo assim denominado "óleo essencial de lavandina de Oulmès", uma vez que está enraizado no solo de Oulmès e toda a sua cadeia de produção e transformação é realizada no solo de Oulmès.

A cooperativa, que começou com 9 membros, tem agora 65 membros, 60 dos quais são homens. E recebe visitas científicas de investigadores, especialmente do IAV e do INRA, que estão a realizar investigação sobre lavanda.

Após 15 anos da sua criação, parece que a cooperativa está a tropeçar nos seus passos para a valorização e desenvolvimento da alfazema cultivada em Oulmes. É fácil de compreender, ao falar com os agricultores, como estão descontentes com este revés, especialmente porque contavam com a criação desta cooperativa para melhorar a sua situação e para promover e desenvolver o sector MAP cultivado na região de Oulmes.

As reuniões regulares que precisam de ser organizadas deixam de ser realizadas e os princípios sobre os quais uma cooperativa é construída, os mais importantes dos quais são a solidariedade entre membros e o ganho colectivo, deixam de ser aplicados, pois cada membro tem a sua própria parcela de terra e cultiva a sua própria lavanda, que vende por sua conta. A cooperativa tornou-se agora uma imagem sem uma função.

3.5. As limitações do cultivo de lavanda em Oulmes

Os resultados do inquérito mostram que os intermediários e a comercialização com **33,3%** representam as principais limitações, seguidos pelo preço de venda com **28,1%** em segundo lugar e em terceiro lugar vem a batota com **3,5%** e finalmente a falta de equipamento com **1,8%**.

Para os intermediários, marketing e batota, pode dizer-se que todos eles levam ao mesmo resultado, que é o terceiro constrangimento, o preço de venda cada vez mais baixo. A queda no preço de venda da lavandina traduz-se numa queda no rendimento dos agricultores e também no preço a ser pago à mão-de-obra.

A falta de equipamento está principalmente relacionada com o método de colheita e o equipamento de destilação do óleo de lavandim, que quase todos os agricultores não podem pagar devido ao seu elevado preço.

Existem também outras restrições, tais como a falta de informação, sensibilização e orientação sobre as doenças que podem atacar a lavandina e como evitá-las, especialmente porque os lavandicultores não utilizam tratamentos fitossanitários.

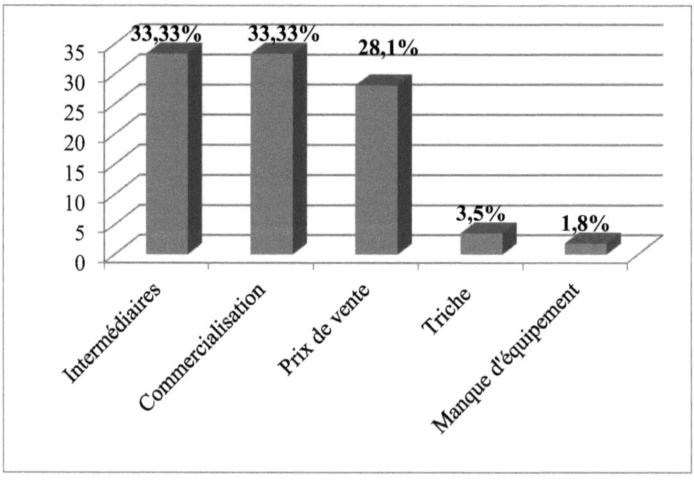

Gráfico 39 . Restrições relacionadas com o cultivo de lavanda em Oulmès

Conclusão

A lavanda encontrada em Oulmes é de dois tipos, a lavanda espontânea e a lavanda cultivada. Ambos os tipos têm propriedades medicinais e podem ser utilizados na preparação de muitos produtos cosméticos, domésticos e até decorativos pelo seu cheiro característico e relaxante. A lavanda cultivada ou lavandina é a Oulmes mais explorada e utilizada.

Introduzida por um colono francês, a lavandina tornou-se agora a cultura mais importante e mais praticada em Oulmes pelo seu rendimento em quantidade e rendimento.

O cultivo da lavandina passa por várias fases e requer manutenção regular especialmente durante o primeiro ano para manter a planta em boas condições, especialmente porque não são utilizados tratamentos fitossanitários.

Oferecendo dias de trabalho, Oulmes lavandin é normalmente vendido a granel através de intermediários que controlam o mercado e fazem baixar o preço de venda, contribuindo assim para a desvalorização do produto. Para além dos intermediários, existem outros constrangimentos, incluindo a batota, que aumenta a quantidade de lavandina vendida mas ameaça a sua qualidade e subsequentemente baixa o seu preço. O preço da lavandina é muito baixo, variando de 12 a 60 MAD, dependendo do ano. Ultimamente, mal excede os 20 MAD.

O rendimento gerado pela venda de lavandina é, para a maioria dos lavandicultores, a parte mais importante em comparação com outras fontes de rendimento. Varia de 10.000 DMA a mais de 300.000 DMA, dependendo da área cultivada.

A indústria de lavanda de Oulmes é um pilar importante no desenvolvimento económico da região, mas requer a intervenção do Estado para a organizar. Parece que este último está totalmente ausente, segundo os lavradores entrevistados.

Capítulo 6. Propostas para o desenvolvimento do ecoturismo das duas MAPs estudadas: trufa de Maâmora e lavanda Oulmès

Introdução

A exploração dos recursos naturais sempre foi feita sem ter em consideração a sustentabilidade destes recursos, sem ter esta preocupação, o que levou à quase extinção de certas espécies, quer se trate de fauna ou flora.

Ter em conta a limitação da sustentabilidade dos recursos naturais na elaboração de planos de gestão e desenvolvimento é o primeiro passo para a sua protecção. Só as regras de gestão racional dos recursos naturais assegurarão um desenvolvimento económico e social sustentável.

A valorização dos recursos naturais é agora uma preocupação para os países que querem desenvolver-se sem perder os seus ecossistemas naturais. A valorização consiste em aumentar o valor de uma coisa, para a valorizar e apresentar de uma forma mais vantajosa. Pode significar "melhorar o valor intrínseco de uma coisa através do trabalho, aumentando o seu rendimento" ou "exaltar os méritos de uma coisa, as suas qualidades, por meios extrínsecos, a fim de promover a sua venda" (Robin, 2017).

Esta valorização só pode ser realizada com base num conhecimento profundo dos bens a preservar. Foi isto que tentámos fazer nos capítulos anteriores para que os dois produtos escolhidos fossem objecto de valorização.

Ecologia, história, potencial, produção, impacto socioeconómico, virtudes e também constrangimentos, são elementos importantes a conhecer antes de se proceder à recuperação.

Os inquéritos que realizámos não só nos permitiram recolher informações sobre o produto, mas sobretudo ajudaram a revelar um lado das condições de vida das pessoas que dele beneficiam e a conhecer as suas necessidades, o seu ponto de vista e sobretudo as representações que têm sobre a referida valorização.

As propostas baseiam-se principalmente nas da população local inquirida, uma vez que o objectivo é aumentar o valor do produto, mas também contribuir para o desenvolvimento socioeconómico desta população.

O desenvolvimento diz igualmente respeito à área de produção destes dois produtos. Ao promover os produtos, tentaremos promover o ecoturismo na floresta de Maâmora e na região de Oulmès. Este tipo de turismo é mais adequado para ambientes naturais, uma vez que foi iniciado principalmente para a protecção do ambiente.

1. A criação de cooperativas, uma solução apoiada pela população local

A criação de cooperativas de alfazema e trufas parece ser a proposta ideal para uma melhor valorização destes dois produtos. Além disso, esta é a solução solicitada pela população local em ambos os casos.

Como parte da economia social e solidária, a cooperativa, ao reunir pessoas que recolhem trufas ou cultivam alfazema, pode participar tanto na preservação do produto como no desenvolvimento socioeconómico da população. De facto, o que falta sobretudo a estes dois sectores é organização e boa gestão que tenha em consideração a melhoria do sector em questão, longe dos ganhos individuais. Se colocarmos as pessoas e o produto no centro do interesse e não o ganho material, seremos capazes de superar todas as dificuldades e valorizar efectivamente os produtos.

1.1. Proposta para uma Cooperativa Maâmora Trufa

As trufas do Maâmora são um produto natural, que tem virtudes específicas e que pode ser valorizado no aspecto culinário e medicinal, pelo que a sua colecção pode ser valorizada como saber-fazer local.

Durante o inquérito realizado com os colectores de trufas, notou-se que a maioria optou pela criação de uma cooperativa de trufas que reunisse todos aqueles que praticam esta actividade. Esta proposta parece ser a mais adequada para eles.

A cooperativa como organização com estatuto legal reconhecido pode assegurar a protecção destes colectores ilegais até agora, também terá estes canais de distribuição a nível nacional e exportação a nível internacional. Os coleccionadores já não terão de se preocupar com onde vender as suas trufas recolhidas. E o principal é que a cooperativa comprará as trufas de todos os colectores ao mesmo preço, o que elimina o risco de vender ao intermediário a um preço baixo por medo de não encontrar um comprador. Além disso, pode proporcionar transporte para facilitar as coisas às pessoas que vivem longe da floresta. A cooperativa pode também fornecer formação sobre trufas e métodos saudáveis de recolha em benefício da população local, a fim de melhorar a sua protecção e produção. Esta cooperativa poderia transformar a floresta Maâmora numa floresta modelo, assegurando um compromisso entre a produção e a conservação dos recursos naturais.

A cooperativa poderia ser muito eficaz na procura de saídas para as trufas: contratos com mercados estrangeiros (Golfo, Europa), etc. Também poderia assegurar o armazenamento sustentável das trufas, a sua transformação adequada e a sua valorização, criando um produto local "Trufas do Maâmora".

Quadro 16. Ficha de apresentação da cooperativa de trufas proposta

Nome da cooperativa	Terfess of the Maâmora
Objectivo geral	Promoção das trufas da floresta de Maâmora
Objectivos específicos	Proteger as trufas do Maâmora
	Contribuir para o desenvolvimento socioeconómico da população local que recolhe as trufas
	Promover o ecoturismo na floresta de Maâmora em particular e na região de Rabat-Salé-Kénitra em geral
	Promover e proteger o saber-fazer local relacionado com a recolha de trufas
	Organizar o sector e controlar os preços e canais de venda a fim de lutar contra a corrupção resultante da intervenção de intermediários
Formação e sensibilização	Formação da população local em boas práticas de recolha para melhor proteger a trufa
	Sensibilização para os efeitos negativos de certas práticas sobre a sustentabilidade da trufa, tais como; escavação, sobrepastoreio, lavra da terra e desflorestação
	Organização de dias científicos para dar a conhecer a trufa: tipos, ecologia, história e usos
	Abrir as suas portas aos investigadores para realizarem a sua investigação e análise sobre a trufa.
Actividades propostas relacionadas com as trufas	Parceria com especialistas na utilização de trufas para fins medicinais (doença ocular)
	A transformação da trufa em conservas a vender a nível cooperativo, em supermercados mas também para exportação
	Participação em feiras e exposições para promover o conhecimento deste produto a nível local, regional, nacional e mesmo internacional
	A exportação de trufas (mercado europeu, países do Golfo) onde as trufas marroquinas são muito procuradas.
Actividades propostas de ecoturismo	Organização de passeios na floresta de Maâmora durante a época de produção de trufas (Março-Maio) para ensinar às pessoas os conhecimentos necessários para encontrar e recolher trufas;
	Degustação de pratos tradicionais de trufas (Tajines, Rfissa,) e organização de workshops liderados por pessoas locais onde ecoturistas interessados podem aprender como preparar estes pratos em casa
	Criação de um ponto de venda de trufas na cooperativa
	A organização de uma feira anual ou "moussem" em torno das trufas de Maâmora, para dar a conhecer melhor a trufa e os seus benefícios, melhorar a sua comercialização e prever as possibilidades de

	investimento em torno deste produto
	Desenvolvimento do ecoturismo da trufa e da floresta de Maâmora
	Durabilidade da trufa
Resultados esperados	Melhoria das condições de vida da população local
	Promoção do ecoturismo baseado no MAP
	Abertura ao mercado internacional
	Proporcionar transporte a coleccionadores que vivem longe
	A rotulagem das trufas de Maâmora

1.2. Proposta de uma cooperativa de lavanda em Oulmes

A lavandina de Oulmes, que é uma lavanda cultivada, é um pilar importante na economia de Oulmes, pois é a cultura mais adaptada às suas condições climáticas e tipo de solo. A lavandina pode ser utilizada de várias formas: medicinal, aromática, culinária e paisagística.

De acordo com os lavandicultores entrevistados, o que realmente falta é uma cooperativa bem gerida que reúna todos os lavandicultores a fim de valorizar a produção anual de lavandina. A cooperativa, equipada com todo o material e equipamento necessário para a transformação da lavandina colhida, teria a possibilidade de produzir quantidades importantes de óleo essencial, água floral e flores secas e até de pensar em produzir produtos cosméticos à base de lavandina como sabonetes, cremes e champôs e muitos outros produtos indispensáveis à vida diária. Estes produtos podem ser exportados. Também a cooperativa pode estabelecer parcerias com apicultores para a produção de mel de lavanda.

A cooperativa pode também promover o agro-turismo, proporcionando visitas guiadas onde os visitantes podem seguir a lavanda desde a plantação até à destilação enquanto aprendem sobre os procedimentos de processamento.

Esta proposta irá beneficiar todos os participantes, ao mesmo tempo que apoia o desenvolvimento socioeconómico da região de Oulmes e oferece uma boa oportunidade para os curiosos da natureza em busca de aprendizagem enquanto desfrutam das maravilhosas paisagens que o lavanda oferece. A promoção do ecoturismo é possível através da exploração das belas paisagens que o lavanda oferece durante a sua floração.

Assim, para que a cooperativa possa ser criada, é necessário ter em consideração a história da região de Oulmes com este tipo de iniciativa e assegurar-se de lucrar com os erros já cometidos.

Quadro 17. Ficha de apresentação da cooperativa de lavanda proposta

Nome da cooperativa	Khozama de Ulmès
Objectivo geral	Aumentar o valor da lavanda cultivada em Oulmès

Objectivos específicos	Promover o cultivo da lavandina, alargando a área cultivada em Oulmès
	Contribuir para o desenvolvimento socioeconómico da população local
	Criação de emprego nas zonas rurais
	Promoção do ecoturismo na região de Oulmes
	Promover e proteger o saber-fazer local relacionado com o cultivo da lavandina
	Promover a produção de produtos derivados de lavanda cultivada
	Organizar o sector e controlar os preços e os canais de venda a fim de combater a corrupção e a fraude resultantes da intervenção de intermediários
Formação e sensibilização	Formação para lavradores de lavanda sobre boas práticas de cultivo de lavanda
	Formação dos cultivadores de alfazema sobre os tratamentos fitossanitários a aplicar a fim de lutar contra as doenças que podem atacar a lavanda
	Organização de dias científicos para dar a conhecer o lavandim: tipos, ecologia, método e fases do cultivo, história e usos
Actividades propostas relacionadas com lavanda	A introdução dos dois outros tipos de lavanda cultivada, super e grosso, para melhorar a produção e a qualidade
	Parceria com apicultores para a produção de mel de lavanda
	Exportação de lavandina e seus derivados para mercados internacionais
	Parceria com produtores de lavanda para fornecer a sua produção, a fim de produzir uma grande quantidade de óleo essencial de lavandina e também para que os agricultores não sejam forçados a vender a lavandina a um preço baixo para pagar a mão-de-obra. Isto assegurará um preço de venda fixo para todos os lavradores e limitará o poder dos intermediários na região de Oulmes.
Actividades propostas de ecoturismo	Organização de caminhadas ao longo das estradas de lavanda em benefício dos ecoturistas para descobrir as paisagens que a lavanda forma durante a sua floração (Junho-Julho), a pé ou de bicicleta, o principal é utilizar um meio "amigo da natureza".
	Organização de workshops para ensinar as pessoas sobre as fases do cultivo da lavanda e oferecer-lhes a oportunidade de participar se a visita coincidir com a época de cultivo da lavanda
	Organização de seminários para ensinar aos visitantes o método de destilação para a extracção de óleo essencial de lavanda e a sua água floral
	Organização de workshops para a elaboração de sabonetes e outros produtos à base de lavanda, será divertido especialmente para as crianças
	Estabelecimento de um ponto de venda de lavandina (flores secas, óleos essenciais, mel de lavandina e água floral) na cooperativa
	Organização de uma feira anual ou "moussem" de lavandina em Oulmes, para tornar a lavandina e os seus produtos derivados mais conhecidos, para melhorar a sua comercialização e para prever possibilidades de investimento em torno desta fábrica
Resultados esperados	Desenvolvimento do ecoturismo da lavandina, dos seus derivados

	e da região de Oulmes
	Melhoria das condições de vida da população local
	Promoção do ecoturismo baseado no MAP
	Abertura ao mercado internacional
	Rotulagem da lavanda cultivada de Oulmès
	A organização do sector e a luta contra a fraude

Em ambos os casos, para o lavandim e as trufas, parece que a cooperativa pode desempenhar o papel para o qual será criada. Se estas cooperativas forem apoiadas pelas partes interessadas, a Direcção de Águas e Florestas para as trufas e o conselho agrícola para a lavanda, outros horizontes podem ser abertos, investimentos e projectos relacionados com estes dois produtos podem ser implementados.

De facto, ao envolver a população local no processo de tomada de decisões, podemos estar certos da sua colaboração para fazer desta iniciativa um sucesso e podemos assegurar a sua contribuição para a protecção destes recursos, que representam a sua principal fonte de rendimento.

2. Criação de um circuito de ecoturismo em torno do património natural da região RSK

Um circuito ou rota de ecoturismo é definido como uma rota para um destino, passando por locais turísticos abertos aos visitantes ao longo de uma rota panorâmica, onde os serviços estão disponíveis. Pode ser chamado "circuito" se o percurso for um loop, ou seja, o início e o fim estão no mesmo ponto. Chama-se "rota" se os pontos de partida e de chegada forem diferentes.

No caso deste estudo, o circuito gira principalmente em torno dos dois locais e produtos escolhidos, as trufas de Maâmora e a lavanda cultivada de Oulmès, acrescentando outros locais interessantes a serem descobertos. Uma vez que o passeio também diz respeito a um produto agrícola, podemos falar de um novo tipo de turismo que também faz parte do turismo sustentável, tal como o ecoturismo, nomeadamente o agroturismo.

O agroturismo é "*uma forma de turismo que visa descobrir e partilhar o know-how de um ambiente agrícola. É praticada de várias maneiras: visitas a explorações agrícolas, alojamento, restauração e venda de produtos agro-alimentares. É também uma oportunidade única para os agricultores partilharem os seus conhecimentos e experiência com o viajante, combinada com o desejo de se afastarem dos circuitos turísticos tradicionais .*"[1]

---

[1] https://passionterre.com

2.1. Antecedentes do projecto

A criação do circuito diz respeito à totalidade do território regional, mas em particular aos duplos situados nas proximidades dos locais que formam o circuito, a fim de responder ao problema da promoção do ecoturismo na região RSK, preservando simultaneamente o seu capital natural e favorecendo o desenvolvimento económico das populações rurais. Qualquer acção que este projecto deve ter em conta a protecção do património natural em primeiro lugar.

A região tem um grande potencial para o ecoturismo, o que facilitará a criação de um circuito rico e diversificado que engloba todos os aspectos atractivos:

- Paisagem e vistas espectaculares;

- Um património natural diversificado reflectido numa riqueza de áreas florestais e SIBE;

- Um património cultural diversificado reflectido em cidades antigas e sítios arqueológicos (túmulos, ruínas, grutas, etc.);

- O litoral é um dos grandes trunfos da região;

- A qualidade do ar e o ambiente ;

- Uma extensa rede rodoviária que facilita as viagens.

2.2. Objectivos do projecto

O objectivo geral do projecto é valorizar os recursos naturais e promover o desenvolvimento económico da região, encorajando a emergência do sector do ecoturismo com base na riqueza do património natural.

O objectivo específico é a criação de um passeio paisagístico pela zona para permitir aos turistas e visitantes descobrir a paisagem notável da zona e os principais elementos do património natural presente.

2.3. Potencial de ecoturismo da região RSK

Antes da realização do circuito de ecoturismo à escala dos dois locais seleccionados Oulmès e Maâmora, apresentaremos o potencial de ecoturismo da região RSK em torno da qual o circuito será criado. Este potencial inclui vários sítios naturais, arqueológicos e paisagísticos a fim de diversificar a oferta de ecoturismo, estes sítios são apresentados com base na sua proximidade com os dois sítios.

 Assim, o turista que tiver tempo pode visitar todos os locais indicados no mapa da região, e para os fins-de-semana, as excursões locais serão uma boa ideia. Desta forma, todas as categorias de visitantes podem beneficiar da oferta do ecoturismo.

2.3.1. Apresentação do potencial do ecoturismo da região RSK

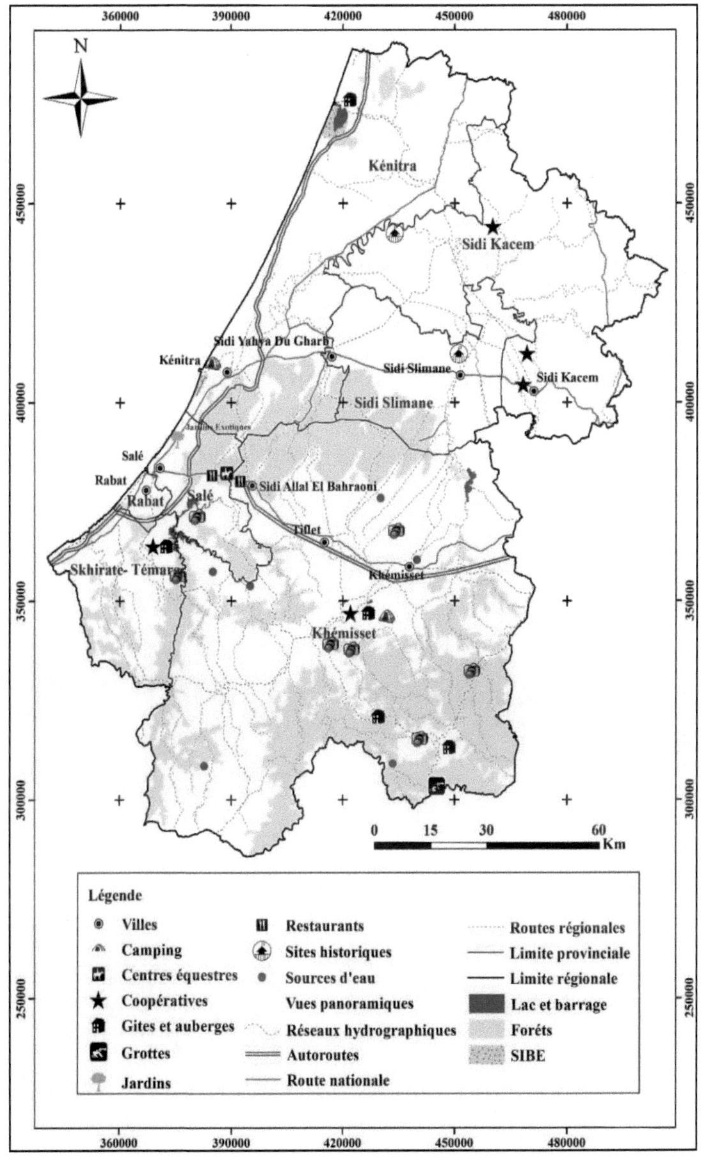

a. Monumentos históricos

- **A antiga cidade de Rirha: A antiga pérola de Gharb (5° 33′ 18″ W 34° 11′ 01″ N)**

É um local histórico que conheceu três fases de ocupação desde o tempo do reino mauritano, romano, até à Idade Média islâmica. Está localizado na planície do Gharb, 8 km a norte de Sidi Slimane. Está inscrita na lista do património cultural marroquino desde 2001 (Callegarin e Kbiri Alaoui, 2009).

- **Caverna M'Tsogatin (5°59'19.1 "W 33°19'41.5 "N)**

A gruta M'Tsogatin situa-se no extremo sul da comuna de Oulmès. Foi descoberto durante uma campanha de prospecção no centro de Marrocos. Restos da indústria lítica, restos de fauna e uma grande série de 230 restos humanos foram encontrados durante as escavações na caverna. Serve regularmente de refúgio para os pastores e seus rebanhos (Sens et al. ,2015). A gruta tem uma vista magnífica sobre o Oued Boulahmayel, tudo rodeado pela Laurier Rose.

A caverna M'Tsogatin

A vista da caverna sobre o Oued Boulahmayel
Foto 9. A gruta M'Tsogatin em Oulmès (© Hakkou, 2018)

b. Florestas e SIBE

- **A floresta de El Harcha e a sua SIBE**

A floresta de El Harcha está localizada na província de Khémisset. Cobre uma área de 5174 ha. É composto por três importantes formações vegetativas, incluindo o sobreiro, a azinheira e a thuja. A floresta contém uma diversidade de plantas aromáticas e medicinais, a mais famosa das quais é a *Cistus Ladaniferus* (Gum rockrose) que oferece cobertores de branco durante a Primavera (Maio - Junho), quando floresce.

A SIBE de El Harcha, que faz parte da propriedade florestal de El Harcha, cobre uma área de 3700 ha e é utilizada para vários fins, incluindo pastoreio, cultivo e caça. A sua flora é essencialmente constituída por formações de subaerias, tetraclinaies, e um zenaie ao norte da SIBE. O site tem uma fauna muito importante (25 espécies de mamíferos; 78 espécies de aves; e 25 espécies de répteis) que oferece um destino distinto para o ecoturismo[2] .

- **Merja Zerga**

Merja Zerga é uma vasta lagoa de 7.300 ha. É um dos principais sítios ornitológicos em Marrocos. Está listada na Convenção sobre Zonas Húmidas de Importância Internacional, que Marrocos ratificou em 1980. Merja Zerga é o lar da maior concentração de aves migratórias do país, albergando colónias de flamingos, garças, colheres, galeirões, gansos e patos assobiadores (Qninba et al., 2006).

- **Sidi Boughaba**

Sidi Boughaba é um Merja litoral permanente rodeado por florestas naturais. Está localizada na zona húmida de Mehdia, a cerca de 10 km da cidade de Kenitra. O local é um refúgio para várias espécies de animais e uma área de repouso e alimentação para milhares de aves que migram entre a Europa e a África subsaariana. Existe um centro educativo aberto ao público para informar, sensibilizar e salvaguardar esta riqueza natural (FDR, 2003)

c. Lagos e Barragens

- **Lago Dayet Er-roumi**

Dayet Er-roumi é um lago natural com 15 a 20 metros de profundidade. Está situada a 15 km da cidade de Khémisset. É um cenário único onde todos podem escolher uma actividade à beira-mar, passear pelo lago, pescar ou fazer um piquenique com a família ou amigos (Bounif et al., 2017) . O lago oferece uma bela vista e sentimentos de relaxamento, serenidade e bem-estar.

---

[2] Centro de Intercâmbio de Informações sobre Biodiversidade de Marrocos

Foto 10. Dayet Er-roumi (© Hakkou, 2018)

- **Barragem de El Kansera**

Está situada a 35 km da cidade de Khémisset em Oued Beht. É dotado de uma riqueza natural e paisagens atractivas para caminhantes, caminhantes e amantes da natureza. O lago de El Kansera tem bens naturais inescapáveis e está preparado para um observatório ornitológico em terraços protegidos[3]

- **Sidi Mohamed Ben Barragem de Abdallah**

A barragem de Sidi Mohammed Ben Abdellah está situada a cerca de vinte quilómetros da cidade de Rabat. Foi construído em 1974 para mobilizar água das bacias hidrográficas dos wadis Bouregreg, Grou e Korifla. É exclusivamente reservada à produção de água potável e industrial. O lago da barragem de Sidi Mohamed Ben Abdellah é utilizado principalmente para actividades de pesca (Delhi et al., 2012)

Foto 11 . Lago da Barragem de Sidi Mohamed Ben Abdellah (© Sabir)

d. **Fontes de água**

- **Fonte Ain Lalla Haya**

---

[3] https://www.abhsebou.ma/wp-content/uploads/2016/09/el-kansera.pdf

A Primavera de Lalla Haya jorra ao pé do planalto de Tarmilet e do maciço de Zguit, a uma altitude de 552 m, nas margens do Oued Aguennour. Foi descoberto em 1933. Constitui uma reserva de água naturalmente gaseificada na nascente, uma característica única em Marrocos. O local distingue-se pelo seu ambiente natural excepcional. A água de Aïn Lalla Haya vem de vários milhares de metros de profundidade sob a forma de vapor, empurrada pelo gás carbónico que sobe à superfície. A água jorra naturalmente a uma temperatura de $42°C^4$.

Foto 12 . Fonte Lalla Haya (©Ait Kerroum, 2018)

- **Outras fontes**

Outras fontes são também identificadas no mapa potencial e são Fonte Lakhmiss, Fonte Magrounat, Fonte Bouberri, Fonte Massi e Fonte Sferjla.

e. Paisagens e vistas panorâmicas

As zonas rurais da região RSK oferecem belas paisagens e vistas panorâmicas distintas. Seja de carro ou a pé, há muito para admirar.

f. Jardins

- **Os jardins exóticos de Bouknadel**

Os jardins exóticos de Bouknadel estão localizados na estrada para Kenitra. Estão classificados entre os jardins mais importantes de Marrocos. Incluem plantas de diferentes origens, como a China, Ásia do Sul, Savana, Congo, Japão, Brasil ou Polinésia. Cobrem quatro hectares e meio. Foram criados pelo engenheiro hortícola francês Marcel François em 1951, 10 anos mais tarde foram abertos ao público. Os jardins incluem um parque infantil e uma área de piquenique, uma área de produção hortícola e a área do jardim inclui "um Jardim da Natureza, um Jardim Cultural e um Jardim Educativo com um viveiro, um aquário e um menagerie" (Fm6e, 2010)

---

[4] https://www.oulmes.ma/nos-sources/

g. Instalações e Bem-estar

O circuito é também fornecido por pousadas e restaurantes, a fim de garantir todos os elementos de conforto que os visitantes necessitarão para uma boa estadia, especialmente porque a visita dos locais propostos não será concluída num único dia. Além disso, algumas cooperativas de diferentes especialidades, especialmente as especializadas na produção de cuscuz aromatizado, mel, bem como produtos cosméticos baseados em MAP e óleo de argão, foram identificadas como pontos de venda.

2.4. Passeios locais de ecoturismo

2.4.1. Circuito de ecoturismo em torno das trufas de Maâmora

2.4.1.1. Descrição do circuito

No caso de Maâmora, foram propostas duas excursões, a primeira das quais é curta e a segunda um pouco mais longa e inclui mais sítios. Cada visitante pode escolher o passeio que lhe convier, de acordo com as actividades oferecidas e o tempo necessário.

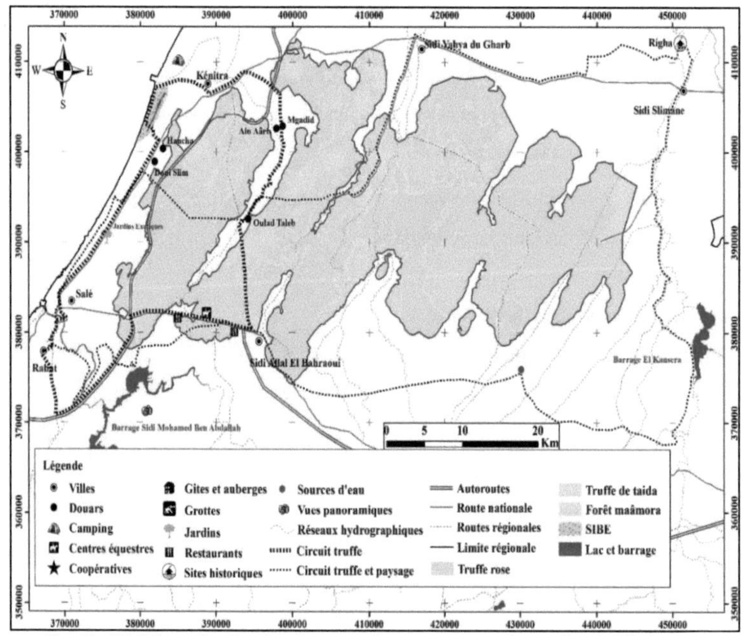

Cartão 14. Mapa do circuito do ecoturismo em torno das trufas de Maâmora

- **Circuito 1**: O circuito parte de Rabat, que é o ponto de partida e de chegada, enquanto passa pela barragem de Sidi Mohamed Ben Abdellah, que oferece belas paisagens a contemplar. Depois, tomando a estrada que leva a Sidi Allal El

Bahraoui, o turista encontrará cafés e restaurantes em Lâarjate onde poderá tomar o seu pequeno-almoço, bem como um centro hípico "Au pur-sang" que oferece várias actividades, especialmente para crianças. Depois, haverá tempo para um passeio na floresta de Maâmora, parando nos duplos de Oulad Taleb, Mgadid e Ain Aâris para comprar e provar pratos tradicionais de trufas, e para uma sessão de caça às trufas fornecida pela população local destes duplos. Em seguida, o turista tomará a estrada em direcção a Kénitra para visitar a praia de Mehdia, onde almoçará, e visitará depois a SIBE de Sidi Boughaba. Finalmente, é a vez do último local no circuito do ecoturismo que são os jardins exóticos localizados em Sidi Bouknadel.

Quadro 18 . Características do curto-circuito em torno das trufas no Maâmora.

Estações	Distância (km)	Hora de lá chegar (min)	Hora da visita (h)
Rabat (Início)			
Sidi Mohammed Ben Abdallah Barragem	16,5	12	1h30
Sidi Allal El Bahraoui (Pequeno Almoço)	19,5	14	1
Douar Oulad Taleb	11,5	9	3
Mehdia Beach e Sidi Boughaba	38	28	2
Jardins exóticos	17,5	13	1h30
Rabat (Barbatana)	17	13	
Total	120	1h30	9

- **Circuito 2**: Quanto ao primeiro circuito, o ponto de partida e fim será a cidade de Rabat, ainda passando pela barragem de Sidi Mohamed Ben Abdellah para tomar a estrada para Sidi Allal El Bahraoui, a fim de tomar o pequeno-almoço em Lâarjate. Depois, o turista continuará o seu caminho até à barragem de El Kansera passando por uma fonte chamada Magrounat; a estrada inclui vistas panorâmicas que merecem ser paradas para as desfrutar. Depois, a antiga cidade de Righa situada em Sidi Slimane, que fará um bom plano para os amantes do património arqueológico. E porque se trata de um tour de trufas, chegará o momento de uma visita à floresta de Maâmora para apreciar este produto local e para o comprar e provar. Posteriormente, o turista tomará a estrada para Mehdia para um passeio ao longo da costa e para um almoço. O fim do passeio de ecoturismo termina com uma visita aos jardins exóticos para descobrir as diferentes plantas que eles contêm.

Quadro 19. Características do longo circuito em torno das trufas em Maâmora

Estações	Distância (km)	Hora de chegada (min)	Hora da visita (h)
Rabat (Partida)			
Sidi Mohammed Ben Abdallah Barragem	16,5	12	1h30
Sidi Allal El Bahraoui (Pequeno Almoço)	19,5	14	1
Magrounat (Fonte de água)	37,5	29	1
Barragem de El Kansera	36	28	1
Cidade Antiga Righa	41	32	2
Douar Oulad Taleb	77	60	3
Jardim exótico	23,5	18	1h30
Rabat (Chegada)	17	13	
Total	268	3h30	11

2.4.2. Rota da Lavandina, um circuito de ecoturismo em torno da lavanda cultivada em Oulmès

2.4.2.1. Descrição do circuito

No caso de Oulmès, propõe-se a criação de um circuito de ecoturismo "Rota da Lavanda" para oferecer aos visitantes a possibilidade de descobrir este produto e desfrutar das paisagens que ele oferece durante a sua floração.

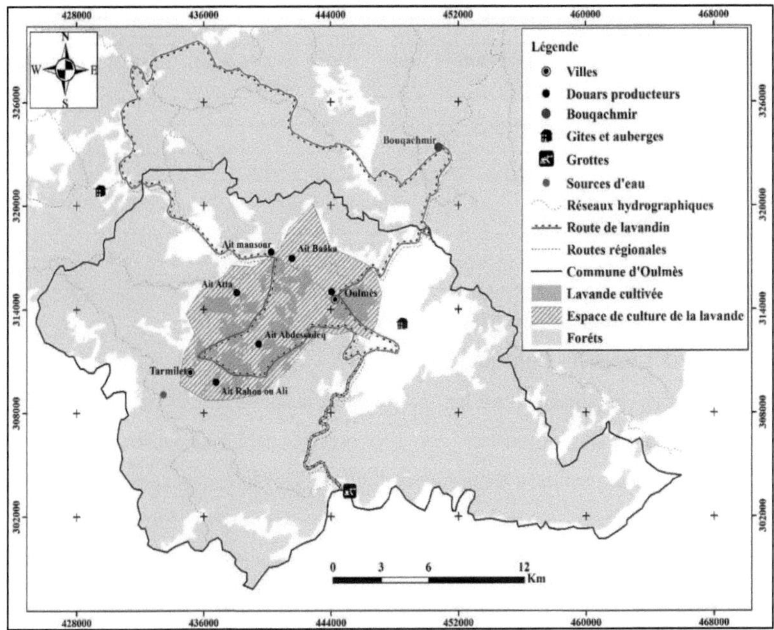

Cartão 15 . Mapa do circuito do ecoturismo em torno da lavanda de Oulmès

O passeio começará no centro de Oulmes, tomando a estrada para o douar de Bouqachmir onde belas paisagens oferecem ao turista belas cenas para admirar e fotografar. Depois, um passeio nas florestas de Oulmès Ait Alla e Zitchouine para descobrir o lavanda natural e outras espécies de PAM que abundam nestas florestas. Em seguida, uma visita aos pares de lavanda, a fim de caminhar pelas estradas de lavanda para apreciar as paisagens oferecidas pela lavanda cultivada e o seu cheiro agradável por um lado, e discutir com os lavradores sobre as fases do seu cultivo e comprar os produtos derivados desta planta (HE, água floral, mel e flores secas). Finalmente, o passeio termina com uma visita à gruta de M'Tsogatin, para que o turista possa descobrir o aspecto histórico da região enquanto desfruta da vista que esta gruta oferece do alto sobre o Oued Boulahmayel. O fim do passeio é o mesmo que o início, o centro de Oulmès. Há pousadas e quintas para turistas que gostam de passar a noite ou ficar alguns dias, e até mesmo para refeições.

Quadro 20. Características do circuito "Rota da Lavanda em Oulmès".

Estações	Distância (km)	Hora de chegada (min)	Hora da visita (h)
Oulmes (Início)			
Bouqachmir	14,5	11	2
Tarmilet	31	23	3
Caverna M'Tsogatin + Ait Alla East forest	27	20	4
Oulmes (Fim)	24	18	
Total	96,5	1h12	9

2.4.3. Impactos previstos dos circuitos s

2.4.3.1. Impacto ambiental

Uma vez que o passeio é apenas sobre sítios naturais e mesmo os albergues e restaurantes indicados já existem, não está prevista nenhuma construção que possa prejudicar o espaço natural e a sua sustentabilidade. De facto, a viagem contribuirá para mudar a percepção que os marroquinos têm da Região RSK como destino administrativo, e isto ao ter a oportunidade de descobrir os bens turísticos ainda escondidos dos seus olhos.

A região é pouco frequentada, excepto para o turismo de negócios, embora abunde em florestas e espaços naturais notáveis, aos quais se acrescentam sítios históricos e vistas panorâmicas. Estes bens representam tudo o que é necessário para o desenvolvimento controlado do sector do ecoturismo. Pode ser confirmado que a digressão terá um impacto positivo no ambiente.

2.4.3.2. Impacto sobre o desenvolvimento da região

A tomada de consciência do potencial turístico da região, por um lado, e da necessidade de preservar este património, por outro, é o primeiro passo para o desenvolvimento desta região. O circuito terá um impacto directo em todos os níveis da área onde se encontra, irradiando em toda a região em geral e no interior em particular, este circuito será capaz de estruturar, de uma forma ou de outra, esta região.

Os habitantes dos duplos, que ainda têm um modo de vida tradicional, rico no saber-fazer de um povo e de um país enraizado na história, têm o direito de ver as suas tradições respeitadas e protegidas. De facto, estas tradições, que se inserem na categoria de património cultural intangível, são um elemento principal da atractividade do ecoturismo

O desenvolvimento que o circuito é obrigado a proporcionar baseia-se principalmente em :

118

- **Melhoria das condições de vida da população local**

Cercado por aldeias, cuja maioria da população é pobre e vive numa situação precária, o circuito pode proporcionar uma abertura ao mundo exterior, oferecendo assim todas as condições para o desenvolvimento de cooperativas em benefício desta população local, o que pode permitir a sinergia dos duplos e a preparação de uma rede de associações de aldeias que podem lutar contra a pobreza e criar oportunidades de emprego. Adoptando uma abordagem sectorial baseada em plantas aromáticas e medicinais, dada a riqueza da região nesta área, estas cooperativas serão capazes de conciliar a gestão sustentável dos recursos naturais e a melhoria das condições de vida das comunidades locais.

- **O desenvolvimento económico**

O circuito do ecoturismo pode contribuir para o desenvolvimento económico da região ao

- **Apoio à agricultura:** o circuito, baseado na lavanda cultivada de Oulmes, pode abrir a porta a outros MAPs a serem cultivados na região, enquanto tenta assegurar uma boa produção e uma melhor comercialização a nível regional, nacional e internacional através da exportação.

- **Desenvolvimento geográfico do turismo:** prosseguindo com o princípio da desconcentração, no que diz respeito à distribuição dos lucros entre o Norte e o Sul. E isto assegurando que os duplos, até agora marginalizados, possam receber tantos turistas como as grandes cidades, uma vez que estes duplos oferecem um tipo de turismo diferente do das cidades, um turismo ecológico e solidário longe do turismo de luxo.

- **Participação da população local nas repercussões económicas do turismo:** através de soluções como o alojamento com a população local ou em pousadas geridas pelas comunidades que vivem nas duplas, isto pode garantir novas fontes de rendimento, ao mesmo tempo que conta com a venda de produtos de cooperativas locais, tais como costura ou tapeçaria para mulheres, mel, óleos vegetais aromáticos e medicinais, o que incentiva uma economia solidária

- **Desenvolvimento de infra-estruturas:** melhorando as infra-estruturas de abastecimento de água potável, eliminação de esgotos, electricidade, tratamento de resíduos e construção de estradas para assegurar o desenvolvimento rural.

- **Promoção do turismo ecológico e sustentável**

O circuito do ecoturismo orientará o sector do turismo para um novo caminho, para além do turismo de massas que tem muitas consequências negativas, especialmente no ambiente, que é o turismo ecológico e sustentável, ao mesmo tempo que incentiva as pessoas a terem o espírito de proteger a natureza, preservando-a, e isto através da organização de actividades, campos de trabalho voluntário para sensibilizar os visitantes para a questão do ambiente.

O passeio também pode ser um produto único e interessante, que pode promover uma oferta turística diversificada na região RSK, atraindo a curiosidade dos amantes da natureza e dos ecoturistas para a região.

- **Promoção da investigação científica**

Dado que a região RSK é uma região rica em termos de investigação científica, devido à existência da Universidade **Mohammed V** em Rabat e da Universidade **Ibn-Tofail** em A digressão oferece uma oportunidade aos investigadores e estudantes da região, e porque não de todo o Marrocos, de fazerem a sua investigação aproveitando ao mesmo tempo a diversidade de ofertas que a digressão propõe.

Conclusão

As trufas de Maâmora e a lavanda de Oulmès são dois produtos de grande importância para a população rural da região de Rabat-Salé-Kénitra. Oferecem alternativas de emprego e participam no desenvolvimento socioeconómico do hinterland.

A valorização destes dois produtos é essencial para assegurar a sua sustentabilidade e para os manter a desempenhar o seu papel. Dada a actual situação socioeconómica, parece que só o desenvolvimento do sector do ecoturismo pode alterar de forma sustentável o estado destes recursos e modificar a economia da região, a fim de reforçar o seu desenvolvimento sustentável.

A promoção do ecoturismo na região através da criação de um circuito de ecoturismo que reúna uma diversidade de sítios naturais de grande atractividade será benéfica para a região. Assim, a criação de cooperativas de alfazema e trufa poderá apoiar esta oferta propondo certas actividades a realizar no seio das cooperativas e nas zonas naturais propostas no circuito e que serão fornecidas e acompanhadas pela população local.

Estas propostas poderiam contribuir para a valorização dos recursos naturais da região e para a melhoria das condições de vida da população rural, bem como para o desenvolvimento da região.

Conclusão geral e recomendações

Durante este estudo, foi possível compreender e identificar melhor o sector das plantas aromáticas espontâneas e cultivadas na região de Rabat-Salé-Kénitra através do estudo de duas MAPs principais, as trufas de Maâmora e a lavanda cultivada de Oulmès.

O inventário das florestas da região e o inventário das MAPs em cada floresta mostrou o elevado potencial da região para as florestas e MAPs espontâneos. Existem 31 florestas na região e um número muito grande de famílias MAP. Cada família contém um grande número de espécies com muitas virtudes utilizadas na medicina tradicional. Esta última fornece as necessidades essenciais de cuidados de saúde da população rural, que constitui 80% da população da região RSK.

A escolha dos dois produtos a serem promovidos foi feita com base num estudo bibliográfico preliminar e em levantamentos de campo. O objectivo era identificar os MAPs mais importantes e mais procurados da região, que constituem uma fonte de rendimento para a população rural e que podem ser melhorados de uma ou mais formas e que podem ser um elemento atractivo para os turistas.

Assim, optámos (1) pelas trufas de Maâmora para o caso da MAP espontânea, pois constituem um produto raro e muito procurado, especialmente para exportação, e que pode ser desenvolvido de acordo com os aspectos medicinais e culinários, e (2) pela lavanda cultivada de Oulmès, pois constitui também um produto muito procurado pela diversidade das suas utilizações e também pelo seu óleo essencial, e que pode ser desenvolvido de acordo com os aspectos aromáticos, medicinais e paisagísticos.

Os inquéritos realizados com a população que recolhe as trufas em Maâmora e os cultivadores de lavanda que cultivam lavanda em Oulmès, permitiram a delimitação do espaço de distribuição destes dois produtos, o que facilitou a realização do mapa de reparação de trufas e o mapa de distribuição de lavanda cultivada.

Estes inquéritos permitiram uma melhor compreensão das cadeias destas duas MAPs e poder segui-las desde o cultivo, colheita, processamento e comercialização de alfazema e desde a recolha, armazenamento e comercialização de trufas. Estes dois produtos, cuja exploração constitui um saber-fazer local, constituem a importante fonte de rendimento para a população local na floresta de Maâmora e na comuna de Oulmès.

A análise dos inquéritos em ambos os casos mostra que a população local trabalha arduamente para produzir grandes quantidades a fim de ter um rendimento que ajude a satisfazer as suas necessidades diárias de vida. Infelizmente, não é este o caso. Os intermediários controlam os mercados e os preços das trufas e lavanda. Tiram partido da ignorância e da pobreza da população. Os coleccionadores de trufas são obrigados a vender no dia do souk com o preço fixado pelos intermediários porque as trufas não se conservam e apodrecem em poucos dias.

Os intermediários, depois de comprarem as trufas a preços baixos, vendem-nas aos grossistas pelo dobro ou o triplo do preço. Quando a oportunidade surge, exportam os produtos para países europeus ou do Médio Oriente a preços muito elevados.

Para além dos intermediários, que constituem a principal limitação dos dois sectores, existem outros que limitam o seu desenvolvimento, incluindo riscos climáticos e práticas de recolha deficientes que ameaçam a sustentabilidade dos recursos.

Com base nas análises destes dois sectores, foram feitas propostas para a sua valorização e para contribuir para a salvaguarda do ambiente e para o desenvolvimento da população local.

Estas propostas dizem respeito à criação de cooperativas de trufas e lavanda para assegurar a organização e boa gestão dos dois sectores e a criação de um circuito de ecoturismo em torno dos dois produtos, a fim de promover o ecoturismo na região, assegurar a protecção do ambiente, o desenvolvimento socioeconómico da região e a sensibilização da população para a importância destes recursos naturais no equilíbrio e sustentabilidade da vida humana

Em termos de desenvolvimento, e para que estas duas propostas possam ver a luz do dia numa implementação concreta, recomenda-se que as partes envolvidas, nomeadamente o conselho regional que iniciou este projecto de investigação, a Direcção de Águas e Florestas, para a qual as trufas são um produto florestal não madeireiro, e o conselho agrícola encarregado de reforçar as capacidades dos actores, harmonizem e coordenem as suas acções no terreno. Recomenda-se também que estas instituições sejam acompanhadas pelas autoridades locais e pela sociedade civil para que as suas acções sejam eficazes.

Em termos de investigação, e para acompanhar estas propostas de desenvolvimento, recomenda-se a realização de estudos com o objectivo de

- Melhorar a qualidade dos produtos e das suas embalagens,
- Estabelecer um sistema de normas e padrões, a nível de todos os sectores, em harmonia com as exigências do mercado internacional,

- Desenvolver instrumentos económicos e financeiros para encorajar a modernização do sector, bem como a valorização comercial do MAP para assegurar a competitividade no mercado.

- Identificar e domesticar outros MAPs, particularmente os de alto valor e os ameaçados, bem como os que poderiam ser introduzidos,
- Estabelecer um sistema regulamentar e institucional para melhor organizar os sectores e limitar os efeitos dos intermediários,
- Facilitar o acesso dos agricultores ao financiamento dos seus projectos,
- Estudar as possibilidades de certificação e rotulagem de produtos locais,
- Diagnosticar o know-how local e desenvolvê-lo.

Estas recomendações requerem harmonização e coordenação entre as diferentes instituições sectoriais do Estado e entre os diferentes actores do sector para uma melhor eficácia da acção pública.

Agradecimentos

Este trabalho de investigação foi realizado no âmbito do projecto "Atlas Cartographique de la valorisation Géo-écotouristique des ressources naturelles dans la Région de Rabat-Salé-Kénitra" financiado pela Região de Rabat (Salé-Kénitra) no âmbito da sua cooperação científica com a FLSH, Universidade Mohamed V de Rabat. Também recebeu apoio logístico e científico de outros actores, nomeadamente a Ecole Nationale Forestière d'Ingénieurs de Salé, a DREFLCD de Khémisset, a DREFLCD de Kénitra, a DREFLCD de Rabat e o Service de l'Inventaire Forestier National.

Referências Bibliográficas

- Abourouh, M. (2011). "Trufas do deserto" de Marrocos: diversidade e modos de exploração. 6ª Reunião MICOSYLVA, Mértola (ADPM), Portugal, 15-18 de Março de 2011. 23p.

- AFNOR. (1989). Recueil de normes françaises, "huiles essentielles". AFNOR, 3ª edição, Paris, 609 p.NF T 75-006.

- Alaoui, A & Laaribya, S. (2017). Estudo etnobotânico e florístico nas comunas rurais de Sehoul e Sidi-Abderrazak (caso de Maâmora-Norte de Marrocos). Jornal: Nature & Technology. 10 p.

- Alfaiz, C. (2015). Cultura e Domesticação de Plantas Aromáticas e Medicinais INRA-Edition. 197 p.

- Alsheikh, AM & Trappe, J. M. (1983). Trufas do deserto: O género Tirmania. Transacções da British Mycological Society 81:83-90.

- APDESPN. (2011). Estudo sobre o sector de Plantas Aromáticas e Medicinais na Reserva Intercontinental Mediterrânica da Biosfera. Criação de cooperativas e valorização das MAPs, Missão 2. Agência para a Promoção e Desenvolvimento Económico e Social das Províncias do Norte. 130p.

- Aubert, G. (1950). Rapport de tournée sur les sols du Gharb. Office de la Recherche Scientifique Outre-Mer. 26p.

- Baba, D. (2015). Estratégia nacional para o desenvolvimento de plantas aromáticas e medicinais espontâneas. HCEFLCD.24 p.

- Bachiri, L., Labazi, N., Daoudi, A., Ibijbijen, J., Nassiri, L., Echchegadda, G., Mokhtari, F. (2015). Estudo etnobotânico de algumas alfazemas marroquinas espontâneas. Grupo Internacional de Fórmulas. 12 p.

- Bellakhdar, J (1997). Farmacopeia tradicional marroquina, medicina árabe antiga e conhecimento popular. In: *Ibis Press (ed),* Berwick Maine, Paris, p. 764

- Belmont, M. (2013). Lavandula angustifolia M., Lavandula latifolia M., Lavandula x intermedia E.: estudos botânicos, químicos e terapêuticos. Ciências Farmacêuticas. Ionesco, T & Mateez, J. (1966). Climatologia, bioclimatologia e fitogeografia de Marrocos. Congrès de Pédologie Méditerranéenne Madrid - Setembro de 1966. Le milieu marocain. Tomo II.

- Benabid A. (2000). Flora e ecossistemas de Marrocos. Ibis Pres. 359 páginas

- Benjilali, B & Zrira, S. (2004). Plantas aromáticas e medicinais, bens do sector e requisitos para uma valorização sustentável. *Edições Actes.* IAV Hassan II. Marrocos. 346 p.

- Benkada, S. (1999). La" Société savante " ; rupture et continuité d'une traditionassociative
  : le cas de la Société de Géographie et d'Archéologie d'Oran. Insaniyat. Revue *algérienne d'anthropologie et de sciences sociales*, 1999(8): pp. 119-128.
- Benkhnigue, O., Zidane, L., Fadli, M., Elyacoubi, H., Rochdi1, A., Douira, A. (2010). Estudo etnobotânico de plantas medicinais na região de Mechraâ Bel Ksiri (Região do Gharb de Marrocos). Laboratório de Botânica, Biotecnologia e Protecção de Plantas, FS Kenitra. 26 p.
- Benmouloud, A., 2017.Trufas: contribuição nutricional e terapêutica. MP Rabat. 183 p.
- Beraoud, L. (1990). Efeito de algumas especiarias e plantas aromáticas e seus extractos no crescimento e aflatoxinogénese de Aspergillus parasiticus NRRL 2999, tese de doutoramento, Faculdade de Ciências Rabat, Marrocos.
- Bouayyadi, L., EL Hafiane, M., Zidane, L. (2015). Estudo florístico e etnobotânico da flora medicinal na região do Gharb, Marrocos. *Journal of Applied Biosciences* 93: 8760-8769. pp: 8770-8788, 19 p.
- Boufeldja, W. (2017). Avaliação do potencial nutricional e antioxidante de algumas variedades de trufas do sudoeste da Argélia. Efeitos antimicrobianos e anti-inflamatórios. Tese de doutoramento. Université Djillali Liabes. 112p
- Bounif, I., Taouil, H., Elanza, S., Ibn Ahmed, S., Aboulouafa, M. (2017). Estudo Físicoquímico da Água do Lago Dayet Er-Romi, Região de Khemisset. American Journal of Engineering Research (AJER) e-ISSN: 2320-0847 p-ISSN: 2320-0936 Volume-6, Issue-3, pp-101-106
- Bradai, L., Bissati, S., Chenchouni, H. (2014). Trufas do Deserto do Sara Norte Argelino: Diversidade e Bioecologia. Emirates Journal of Food and Agriculture. 26(5), 10.;
- Brignon, C & Sauvage, Ch. (1960). Carte des étages bioclimatiques. Comité Nationale de Géographie du Maroc. Atlas du Maroc N°6b
- Bryssine, G. (1966). A planície do Rharb. Congresso de Pedologia Mediterrânica Madrid - Setembro de 1966. Les régions traversées. 36p
- Callegarin, L & Kbiri Alaoui, M. (2009). Righa (Sidi Slimane Marrocos) uma antiga cidade medieval da planície do Gharb. Crónica de Arqueologia 2009-2014. 29 p.
- Callot, G. (1999). La truffe, la terre, la vie. Ed. INRA, Paris, 209 p.
- Círculo de Oulmes. (2007). Monographie populaire de la ville d'Oulmès. Ministério do Interior, Província de Khémisset.
- CHERKAOUI, S.I. & BOUCHAFRA, A. (2003). Fiche descritiva sur les zones humides Ramsar (FDR). 8p

- Chu, CJ & Kemper, KJ. (2001). Alfazema (*Lavandula* spp.). Longwood Herbal Task Force; 32 p.
- Conferência das Nações Unidas sobre Comércio e Desenvolvimento (UNCTAD). (2015). Relatório de Investimento Mundial.67p.
- Cornu, C. (2007). Perímetro irrigado de Gharb. CIRAD Environnements et Sociétés.
- Delhi, R., Benzha, F., Hilali, A., Tahiri, M., Kaoukaya, A., Baidder, L., Rhinane, H., Hangouat, P. (2012). Caracterização da qualidade da água do reservatório de Sidi Mohammed Ben Abdellah no Oued Bouregreg. ScienceLib Editions Mersenne : Volume 4, N °120401. 12p.
- Delmas, J. (1989). Os cogumelos e o seu cultivo. La Maison Rustique, Flammarion.
- DGCL. (2014). A região de Rabat-Salé-Kénitra, monografia geral. 62 p.
- Dib-Bellahouel, S. (2012). Estudo do poder antimicrobiano e micorrizal de duas espécies Terfez: Tirmania pinoyi (Maire) Malençon e Terfezia leptoderma Tul. Tese de doutoramento. Universidade de ORAN. 200p.
- Direcção de Desenvolvimento Florestal. (2013). o sistema de adjudicação e estatísticas da produção vegetal espontânea marroquina, 2008-2012.
- DREF Kénitra (2000). Estudo de gestão da floresta do Gharb. Direction régionale de Kénitra.
- DREF Khémisset e Rabat (1992). Estudo da gestão da floresta de Maâmora. Direction régionale de Khémisset.
- DREF Khémisset. (1999). Estudo de desenvolvimento da floresta de Ait Hatem. Direction régionale de Khémisset.
- DREF Khémisset. (2001). Estudo de desenvolvimento da floresta de Ait Alla Ouest. Direction régionale de Khémisset.
- DREF Khémisset. (2001). Estudo de desenvolvimento da floresta de Ait Ichou West, Direcção Regional de Khémisset.
- DREF Khémisset. (2001). Estudo de desenvolvimento da floresta de El Harcha. Direction régionale de Khémisset.
- DREF Khémisset. (2001). Estudo da gestão da floresta de Cibara. Direction régionale de Khémisset.
- DREF Khémisset. (2005). Estudo de desenvolvimento da floresta de Ait Ichou Est. Direction régionale de Khémisset.
- DREF Khémisset. (2005). Estudo de desenvolvimento da floresta de Bouregreg. Direction régionale de Khémisset.
- DREF Khémisset. (2006). Estudo de desenvolvimento da floresta de Ait Alla Est. Direction régionale de Khémisset.

- DREF Khémisset. (2013). Estudo de gestão da floresta de Timaksaouine. Direcção Regional de Khémisset.
- DREF Khémisset. (2013). Estudo de desenvolvimento da floresta de Zitchouine. Direcção Regional de Khémisset.
- DREF Khémisset. (2017). Estudo de gestão da floresta de El Kansera. Direcção Regional de Khémisset.
- DREF Khémisset. (2017). Estudo de gestão da floresta de Ouchkett. Direcção Regional de Khémisset.
- DREF Khémisset. (2017). Estudo de gestão da floresta de Oued Beht. Direcção Regional de Khémisset.
- DREF Khémisset. (2017). Estudo de gestão da floresta de Oued El Kell. Direcção Regional de Khémisset.
- DREF Khémisset. (2017). Estudo de gestão da floresta do Campo Bataille. Direcção Regional de Khémisset.
- DREF Rabat (2001). Estudo de gestão da floresta de Sehoul. Direction régionale de Rabat.
- DREF Rabat (2005). Estudo de gestão da floresta de Témara. Direction régionale de Rabat.
- DREF Rabat (2007). Estudo de desenvolvimento da floresta de Beni Abid. Direction régionale de Rabat.
- EACCE (Etablissement autonome au contrôle et coordination des exportations). (2013). Exportations Des Epices - Herboristerie, estatísticas de exportação marroquinas para as principais plantas aromáticas e medicinais, 2008-2012.
- Echgada, G. (2011). Projecto de denominação de origem controlada " Huile essentielle de lavandin d'Oulmès ". ENAM Meknès .21 p.
- EGK. (2008). Conhecimento de ervas, série de Brigitte Speck, Ursula & Christian Fotsch e Susan Wacker. Boletim informativo de Junho. 5 p.
- Ellatifi, M. (2012). A economia da floresta e dos produtos florestais em Marrocos: avaliação e perspectivas. Tese de doutoramento em Ciências Económicas. Université Montesquieu - Bordeau IV. 424p.
- FAO & Plano Bleu (2015). Optimizar a produção de bens e serviços pelos ecossistemas florestais mediterrânicos, num contexto de mudança global. Componente 2: Estimar o valor económico e social dos serviços dos ecossistemas florestais mediterrânicos.89 p.
- Fm6e. (2010). Jardins exóticos como um caminho educativo. Fundação Mohamed VI para a Protecção do Ambiente. 8p.
- Forey, P. & Lindsay, R. (1989). Plantas medicinais. *Grund (Ed.)*. Paris. 1989.

- Fortas, Z. (1990). Estudo de três Terfez. Caractères culturaux et cytologie du mycélium isolé et associé à l'Helianthemum guttatum. Tese de Doutoramento de Estado, Universidade de Oran Es-Sénia pp 9-68

- Gainard, A. (2016). Lavanda e lavandina, utilização em aromaterapia: um inquérito aos farmacêuticos retalhistas. Ciências Farmacêuticas.

- Gattefossé, J. (1932). Região natural de Oulmès e centro turístico. La terre et la vie. 11p.

- Ghanmi, M., Satrani, B., Aberchane, M., ISMAILI, R., Aafi, A., El Abid, A. (2011). Plantas Aromáticas e Medicinais de Marrocos: mil e uma virtudes. Colecção Maroc Nature, Centre de Recherche Forestière. 130 p.

- Goura, K. (2017). Controlo de qualidade de algumas plantas aromáticas e medicinais secas. Projecto de fim de estudo, licenciatura científica e técnica em biotecnologia e valorização de fito recursos. FST Fez, Universidade Sidi Mohamed Ben Abdellah.

- HCEFLCD, (2009). Revisão do Estudo de Gestão Florestal de Maâmora Volume 1. Estudo de base e gestão anterior. Direction des eaux et forêts et de la lutte contre la désertification du Nord-Ouest. 137p.

- HCP. (2017). Indicadores de pobreza baseados nos resultados da região RGPH 2014 Rabat-Sale-Kenitra.

- Hmamouchi, M. (1999). Plantas aromáticas e medicinais marroquinas. BNRM. pp: 11-30.

- Hseini, S & Kahouadji, A. (2007). Estudo etnobotânico da flora medicinal na região de Rabat (Marrocos Ocidental). LAZAROA 28: 79-93. 22 p.

- https://www.icem-pedagogie-freinet.org/sites/default/files/lavande.pdf

- NFI (2015). Inventário Florestal Nacional. Alto Comissariado para a Água e Florestas e a Luta contra a Desertificação. Rabat.

- JAEGLY, G. (2003). Lavanda, a alma da Provença. 20p.

- Khabar, L. (2002). Estudos multidisciplinares das trufas marroquinas e perspectivas para a melhoria da produção da terfessora florestal de Maâmora. Tese de Estado ES-Sciências. Biologia-Micologia de Especialidade. Universidade Mohamed V.

- Khabar, L. (2017). Terfess e trufas de Marrocos, biodiversidade e valorização. Éd: Univ Européenne. 276 páginas.

- Ambiente (PNUA). (2002). "Cimeira Mundial do Ecoturismo: Relatório Final. Madrid, Espanha: Organização Mundial do Turismo, 150 p.

- M.A.T.E.U.H. (2002). Etude Nationale sur la Biodiversité (Rapport de synthèse), Marrocos, 215 p

- Malençon, G. (1973). Cogumelos Hipogéneos do Norte de África. I. Ascomycetes. Persoonia 7: 261-288.

- MAPM. (2017). O Plano Agrícola Regional de Rabat-Salé-Kénitra: Um modelo de governação territorial para o desenvolvimento sustentável. A governação territorial a nível regional. SESAME 5 Painel 2. 28p.

- Mértola (2018). Boas práticas de domesticação de plantas aromáticas e medicinais alecrim e alfazema amarelo. Associação de Defesa do Património de Mértola. 46p.

- Morsli, Y., Elkedmiri, A., Hmito, B., Hachman, M. (2015). Os granitoides da meseta marroquina. Université Hassan II Casablanca. 20p.

- Morte, A., Honrubia, M., Gutierrez, A. (2008). Biotecnologia e cultivo de trufas do deserto. In: Varma A, ed. Mycorrhiza: genética de ponta e biologia molecular, eco-função, biotecnologia, eco-fisiologia, estrutura e sistematização. Berlim, Heidelberg: Springer Verlag. P. 467-483.

- NEFFATI, M., & SGHAIER, M. (2014). Desenvolvimento e valorização de plantas aromáticas e medicinais (AMP) a nível do deserto na região do MENA (Argélia, Egipto, Jordânia, Marrocos e Tunísia). Relatório principal do Projecto MENA-DELP: Partilha de conhecimentos e coordenação sobre ecossistemas de deserto e meios de subsistência em benefício da Argélia, Egipto, Jordânia, Marrocos e Tunísia. 143 p.

- Gabinete de Cooperação para o Desenvolvimento (ODCO). (2017). Annuaire statistique des coopératives et leurs unions au Maroc pour l'année 2015.152 p

- Office des changes. (2015). Estatísticas de exportação marroquinas de óleos essenciais, 2008-2012.

- Olivier, J.M., Savignac J.C., Sourzat, P. (2012). O cultivo de trufas e trufas. Périgueux: Edições Fanlac. 352p.

- Organização Mundial do Turismo (UNWTO) e Programa das Nações Unidas para o Desenvolvimento (PNUD)

- Pargney, J & Kottke, I. (1994). Microlocalização do cálcio nas paredes da truflemycorrhizae por microscopia electrónica de transmissão analítica. *Journal of trace and microprobe techniques,* 1994. 12(4): pp. 305-321.

- Paris, R.R. & Moyse, H. (1976-1981). Matière médicale, 3 volumes, Masson, 420, 518 e 509 p. Paris.

- Pegler, D. (2002). Fungos *úteis* do mundo: as 'Trufas do pobre homem da Arábia e o 'Maná dos Israelitas'. Mycologist, 16(01): pp. 8-9.

- Pellecuer, J., Allegrini, S., De Buochberg, M.S. (1976). Óleos essenciais bactericidas e fungicidas, Revue de l'institut Pasteur de Lyon, 9, pp: 135-159.

- Peyron, L. (2015). A lavanda, no coração das civilizações desde os primórdios dos tempos. Dossier Parfums de plante, plantes à parfum - Jardins de France 636 - Julho-Agosto de 2015

- Piqué, A & Michard, A. (1981). As zonas estruturais do Marrocos hercyniano. Sci. Geol, Bull, 34, 2, p. 135 - 146, Estrasburgo.

- Piqué, A., Soulaimani, A., Hoepffner, Ch., Bouabdelli, M., Laville, E., Amrhar, M., Chaloua, A. (1994). Geografia de Marrocos. *Ed GEDE, Colecção Terre et Patrimoine.* 279p.

- Plano Azul, PNUA, PAM. (2016). Melhorar a governação das florestas mediterrânicas através da implementação de abordagens participativas, Floresta de Maâmora - Marrocos.72 p.

- Qninba, A., Benhoussa, A., Mohammed-Aziz El Agbani M-A., Dakki, M., Thevenot, M. (2006). Estudo fenológico e variabilidade interanual da abundância de Charadriidae (Aves, Charadrii) num sítio de Ramsar em Marrocos: o Merja Zerga. Bulletin de l'Institut Scientifique, secção Sciences de la Vie, n°28, 35-47.

- Rebière, J & C Parra (1981). A trufa do Périgord. P. Fanlac.

- RGPH. (2014). Recensement Général de la Population et de l'Habitat, Direction de la Statistique

- Robin, A. (2017). A definição da noção de "valorização" no contexto da investigação científica. *Lex-Electronica,* pp: 136-152.

- Rodriguez A. (2008). Trufas do deserto. Em http://www.trufamania.com/desert-truffles.htm

- Salhi, S. , Fadli, M., Zidane, L., Douira, A. (2010). Estudos florísticos e etnobotânicos de plantas medicinais na cidade de Kenitra (Marrocos). LAZAROA 31: 133-146. 13p.

- Sanogo, R. (2006). O papel das plantas medicinais na medicina tradicional. 10ème IEPF e SIFEE summer school. 53p.

- Sens, X., Oujaa, A., Grimaud-Hervé, D., Zazzo, A., Matthieu Lebon, A., Tombret, O., Campmas, E., Stoetzel, E., El Hajraoui, M.A., Nespoulet, R. (2016). Os primeiros resultados dos restos humanos da caverna M'Tsogatin 1 (Oulmes, Marrocos). J. Mater. Ambiente. Sci. 7 (10) (2016) 3746-3762

- Sghir Taleb, M. (2017). Plantas Aromáticas e Medicinais em Marrocos: Diversidade e Papel Sócio-Económico. International Science Index, Agricultural and Biosystems Engineering Vol: 11.5 p.

- Tahiri, A & Hoepffner, Ch. (1986). A Falha Oulmes (Central Hercynian Morocco): tesoura dúctil e tectónica tangencial. *Touro. Inst. Sci,* Rabat, 1987, p. 59-68.

- TIPS & AusAID. (2008). Comércio de Informação Comercial Comércio: Óleos Essenciais, dossiers. 47p.

- Trappe, J., Claridge, A.W., Arora, D., Smit, W. A. (2008). Trufas do Deserto do Kalahari Africano: Ecologia, Etnomicologia, e Taxonomia. Botânica económica, 62(3): 521-529.

- USAID. (2008). National Strategy for the Development of the Aromatic and Medicinal Plant Sector, Agriculture & integrated agribusiness, 72 p.

- Vinha, G. (2004) Herbal harvests with a future: towards sustainable sources for medicinal plants. *Vida Vegetal Internacional.* 12p.

- Watfeh, A., Tailassane, M., Laouina, A., Sfa, M., Naimi K. (2007). Mapa morfopedológico de Marrocos. Cátedra UNESCO-Gaz Natural Chair, Faculdade de Letras e Ciências Humanas, Universidade Mohamed V, Rabat.

- Wong, M. (1969). Contribuição para a História do Material Medicinal Vegetal Chinês. Journal of Traditional Agriculture and Applied Botany, 16-2-5 pp. 158-214

- Zitouni-Haouar, F. E-H., Alvarado, P., Sbissi I, Boudabous, A., Fortas, Z., Moreno, G. (2015). Diversidade genética contrastada, relevância do clima e das plantas hospedeiras, e comentários sobre os problemas taxonómicos do Género Picoaceae (Pyronemataceae, Pezizales). PLoS ONE 10(9): e0138513. Doi: 10.1371/journal.pone.013851

- Zitouni-Haouar, F.E-H. (2016). Estudo da diversidade das trufas do deserto e das suas associações micorrízicas. Tese de doutoramento. Universidade de Oran 1 Ahmed Ben Bella.95 p.

- Zrira, S. (2003). Le marché des plantes aromatiques et médicinales au Maroc. IAV Hassan II.39 p.

- Zrira, S (2007). O sector do PAM em Marrocos.IAV.68p

- Zrira, S. (2018). Valorização do lavanda marroquino. Disponível em: https://www.agrimaroc.net/2018/09/14/valorisation-de-la-lavande-du-maroc/

ANEXOS

Anexo 1 Levantamento com colectores de trufas na floresta de Maâmora

Questionnaire sur les truffes de Maamora

Août 2018 - FLSH Rabat

Identification de l'enquêté

1. Vous êtes de quel douar?

____

____

2. le Sexe
- ○ Homme ○ Femme

3. Quel est votre âge?
- ○ moins de 20 ans ○ 20-30 ans ○ 31-40 ans
- ○ 41-50 ans ○ plus de 50 ans

4. Quel est votre niveau d'instruction?
- ○ Analphabète ○ Primaire ○ Secondaire ○ Supérieur

5. Quel est votre état civile?
- ○ Célibataire ○ Marié(e) ○ veuf(ve) ○ Divorcé(e)

Historique de l'activité

6. Depuis combien de temps vous exercez cet activité ?
- ○ Moins de 5 ans ○ 5-10 ans ○ 11-20ans
- ○ Plus de 20 ans

7. Quelles sont les raisons qui vous ont poussé à vous lancer dans cette activité (Collecte des truffes)?
- □ Source de revenu □ La demande sur la truffe
- □ Travail saisonnier

Mode de travail

8. Est-ce que vous faites partie d'une coopérative ou une association ?
- ○ Oui ○ Non

9. Vous travaillez seul(e) ou avec d'autres personnes de la famille ou du douar ?
- ○ Seul(e) ○ En famille ○ Avec d'autres personnes du douar

10. A quelle distance de votre domicile est située la forêt/ Truffes ?
- ○ 0 à 5 km ○ 6 à 10 km ○ Plus de 10 km

11. Combien de temps cela vous demande pour y aller ?
- ○ Moins de 15 min ○ De 20 à 45 min ○ De 1 h à 2h
- ○ plus de 2h:

12. Quelle est la quantité des truffes que vous collectez?
- ○ De 0 à 2 Kg ○ De 2,5 à 4 Kg ○ Plus de 4 Kg

13. Combien ça vous demande de temps ?
- ○ Une heure ○ 2 à 3 heures ○ Toute la journée

14. En quelle période (mois) de l'année exactement se fait la collecte des truffes?

____

____

15. Comment vous faites pour trouver les truffes?

____

____

16. Quel est la méthode de collecte que vous utilisez?

____

____

17. Comment vous faites pour transporter les truffes collectées?

____

____

18. Comment vout faites pour stocker les truffes collectées?

____

____

Commercialisation

19. A qui vous vendez les truffes collectées ? (destination)
- □ Routiers □ Tourstes □ Restaurants □ Intermédiaires
- □ Souk □ Usines

20. Est-ce que vous avez des circuits de distribution ? (intermédiaires)
- ○ Oui ○ Non

21. Comment vous vendez les truffes collectées?
- ○ Par unité ○ Par Kg

22. A quel prix ?
- ○ Moins de 50 MAD ○ De 50 à 100 MAD
- ○ De 100 à 150 MAD ○ De 150 à 200 MAD
- ○ Plus de 200 MAD

23. Comment ce prix est fixé ?
- □ La demande □ L'abondance de la truffe □ L'intermédiaire

24. Est-ce que ce prix a changé par rapport à ces 20 ans derniers?
- ○ Oui ○ Non

25. Comment est ce changement?
- ○ Augmentation ○ Diminution

26. Quel est l'état de la demande de la truffe ?
- ○ Très demandée ○ Demandée
- ○ Moins demandée ○ Peu demandée
- ○ Pas du tout demandée

27. Est-ce-que vous connaissez une recette traditionnelle à base de truffe ?

____

____

28. Est-ce que vous connaissez une recette médicinale à base de truffe ?
- □ Les yeux □ Cancer □ Diabète
- □ Refroidissement □ Non

29. Est-ce que vous exercez un procédé de transformation et de valorisation ?
- ○ Oui ○ Non

Aspects socio-économiques	**Possibilités de valorisation**

Aspects socio-économiques

30. Quel est le nombre des membres de votre ménage?
  ○ De 0 à 2   ○ De 3 à 5   ○ De 6 à 8   ○ Plus de 8

31. Combien vous avez d'enfants?
  ○ De 0 à 2   ○ De 3 à 5   ○ De 6 à 8   ○ Plus de 8

32. Quels sont les membres de votre famille qui paticipent à la collecte?
____
____

33. Pourquoi ces personnes?
____
____

34. La collecte des truffes vous procure-t-elle des revenus ?
  ○ Oui   ○ Non

35. Si non,pourquoi?
____
____

36. Si oui,Combien en moyenne par semaine ?
  ○ Moins de 500 MAD   ○ Entre 500 et 1000 MAD
  ○ Entre 1001 et 2000 MAD   ○ Entre 2001 et 3000 MAD
  ○ Entre 3001 et 4000 MAD   ○ Pus de 4000 MAD

37. Est ce que ces revenus sont suffisants pour subvenir à tous vos besoins ?
  ○ Oui   ○ Non

38. Comment ce revenu a changé depuis 10 ou 20 ans?
  ○ Croissance   ○ Décroissance   ○ Aucun changement

39. Veuillez expliqué la raison de ce changement?
____
____

40. Quelles sont vos sources de revenus à part la collecte des truffes ?
  ☐ Travail en ville   ☐ Commerce   ☐ Agriculture   ☐ Elevage
  ☐ Apiculture   ☐ Forêt

Possibilités de valorisation

41. A votre avis, comment vous voyez la valorisation des truffes ?
  ☐ Commercialisation   ☐ Aspects culinaire
  ☐ Aspect médicinal

42. Et comment cette valorisation peut-t-elle être faite?
  ☐ Partenariat   ☐ Création de coopérative   ☐ Aucune idée

Durabilité de la ressource

43. Est-ce que les lieux de production des truffes ont changé ? (10 à 20 ans)
  ○ Oui   ○ Non

44. Comment vous jugez la durabilité de cette ressource ?
  ○ Croissance   ○ Décroissance

45. comment la production a changé pendant ces 10 à 20 ans dérniers?
  ○ Augmenbtation de la production
  ○ Diminution de la production

46. Quelle est la différence entre la quantité ramassée il y a 10 ou 20 ans et actuellement ?
____
____

47. Est ce que la qualité des truffes a changé ?
  ○ Oui   ○ Non

Contraintes

48. Quelles sont les contraintes que vous rencontrez dans la collecte de la truffe ?
  ☐ Transport   ☐ Aléas climatique
  ☐ Fatigue   ☐ Concurrence
  ☐ Prix de vente   ☐ Danger de Scorpions
  ☐ Aucune contrainte   ☐ Distance à parcourie

Anexo 2 Levantamento com lavradores de lavanda em Oulmes

Questionnaire sur la lavande cultivée (Agriculteurs)

Août 2018 - FLSH Rabat

Identification de l'enquêté

1. Vous êtes de quel douar?

2. Sexe
○ Homme   ○ Femme

3. Quel est votre âge?
○ Moins de 20 ans   ○ De 21 à 30 ans   ○ De 31 à 40 ans
○ De 41 à 50 ans   ○ Plus de 50 ans

4. Quelle est votre niveau d'instruction?
○ Analphabète   ○ Primaire   ○ secondaire   ○ supérieur

5. Quel est votre situation familiale?
○ Célibataire   □ Marié(e)   ○ Divorcé(e)   ○ Veuf(ve)

Historique de l'activité

6. Depuis combien de temps vous pratiquez la culture de lavandin ?
○ Moins de 5 ans   ○ De 5 à 10 ans   ○ De 11 ans à 20 ans
○ Plus de 20 ans

7. Quelles sont les raisons qui vous ont poussé à vous lancer dans la culture de lavandin ?
○ Source de revenus

8. Est-ce que vous faites la culture d'autres plantes ou seulement le lavandin ?
○ Oui   ○ Non

9. Si oui, veuillez les préciser?

Mode de travail

10. Quelle est la superficie de lavandin que vous cultivez?
○ Moins de 5 ha   ○ De 5 à 30 ha   ○ De 35 à 60
○ de 65 à 100 ha   ○ plus de 100 ha

11. Votre exploitation est-elle?
○ Petite   ○ Moyenne   ○ Grande

12. combien de personne travaille avec vous lors de la récolte ?
○ Moins de 10   ○ De 10 à 30   ○ De 35 à 55   ○ Plus de 55

13. En quel mois se fait la culture de lavandin?

14. En quel mois se fait la collecte de lavandin?

15. Quel est le type de sol nécessaire pour la culture de lavandin?

---

16. Quel est le climat favorable pour la culture de lavandin?

17. Est ce que vous pratiquez des traitements phytosanitaires sur le lavandin?
○ Oui   ○ Non

18. Quelle est la quantité de lavandin que vous récoltez?
○ Moins de 1 T   ○ De 1 à 5 T   ○ De 6 à 10 T
○ De 11 à 16 T   ○ Plus de 16 T

19. Combien de journée de travail la récolte de lavandin assure ? ☐☐☐☐

20. Quelle est la technique de récolte que vous utilisez?

Commercialisation

21. A qui vous vendez le lavandin récolté ?
□ Intermédiaires   □ Herboristes

22. Est-ce que vous avez des circuits de distribution ? (intermédiaires)
○ Oui   ○ Non

23. Dans quel état vous le vendez ?

24. A quel prix ? ☐☐☐☐

25. Comment ce prix est fixé ?

26. Est-ce que ce prix a évolué ? Comment?

27. Quel est l'état de la demande de lavandin ?
○ Trés demandé   ○ Demandé
○ Moins demandée   ○ Peu demandée
○ Pas du tout demandée

28. Quelles sont les utilisations de lavandin ?

29. Est-ce que vous connaissez une recette médicinale à base de lavandin?

30. Comment vous stockez le lavandin récolté ?

31. Est-ce que vous exercez un procédé de transformation et de valorisation ?

   ○ Oui ○ Non

32. Si oui, qu'est ce que vous faites ?

____

____

Aspects socio-économiques

33. Quel est le nombre des membres de votre ménage? (taille du ménage)

   ○ De 0 à 2 ○ De 3 à 5 ○ De 5 à 7 ○ Plus de 7

34. Combien vous avez d'enfants ?

   ○ De 0 à 2 ○ De 3 à 5 ○ De 5 à 7 ○ Plus de 7

35. Combien en moyenne la culture de lavandin vous procure de revenus? (par saison)

   ○ Moins de 10000 Dh   ○ De 10000 à 100000Dh

   ○ De 100001 à 200000   ○ De 200001 à 300000 Dh

   ○ Plus de 300000 Dh

36. Que représente ceci par rapport à votre revenu global (%) ?

   ○ 30% ○ 75% ○ 80% ○ 25% ○ 100% ○ 40%

37. Est ce que ces revenus sont revenus suffisants pour subvenir aux dépenses quotidiennes? (alimentation, factures d'électricité...)

   ○ Oui ○ Non

38. Si non, Pourquoi?

____

____

39. Est-ce que ce revenu a changé depuis 10 ou 20 ans (croissance, décroissance) ?

   ○ Oui ○ Non

40. Comment est ce changement?

   ○ Augmentation ○ Diminution

41. Quelles sont vos sources de revenus à part la culture de lavande ?

   ☐ Travail en ville ☐ Commerce ☐ Elevage

   ☐ Apiculture ☐ Agriculture

Possibilités de valorisation :

42. A votre avis, comment vous voyez la valorisation de lavande ?

   ☐ Commercialisation ☐ Aspects culinaire

   ☐ Aspect médicinal

43. Comment cette valorisation peut être faite?

   ☐ Partenariat   ☐ Création de coopératives

   ☐ Intervention de l'état

Durabilité de la ressource

44. Est ce que la culture de lavandin a évolué ?

   ○ Oui ○ Non

45. Si oui , comment ?

   ○ Croissance ○ Décroissance

46. Est ce que la qualité de lavadin a changé ?

   ○ Oui ○ Non

Contraintes

47. Quelles sont les différentes contraintes que vous rencontrez lors de la culture de lavandin?

   ☐ Intermédiaires   ☐ prix de vente

   ☐ Commercialisation   ☐ Triche

   ☐ Manque des équipements

Anexo 3Guia de Entrevista com a Cooperativa Al Khozama em Oulmes

Guide d'entretien avec coopérative Al-Khozama à Oulmès

Aout-Septembre 2018 - FLSH Rabat

Identification de la coopérative

1. Nom de l'organisation?

2. Genre?
   O Féminine   O Masculine   O Mixte

3. Nom du représentant ?

4. Quel est le numéro de Téléphone de la coopérative ?

5. Qulle est l'adresse de la coopérative?

6. Quelle est la Date de création de la coopérative?

Objectif de la coopérative

7. Quel est l'objectif de la création de la coopérative ?

8. Est-ce que vous avez eu de l'aide des organisation pour la crétion de cette coopérative?
   O Oui   O Non

9. Si oui ,quel genre d'aide et quelles sont ces organisations?

10. Si non ,pourquoi?

Informations générales

11. Combien a été le nombre d'adhérents lors de la création de la coopérative?

12. Combien est le nombre d'adhéreents actuel?

13. Veuillez Preciser le nombre par genre?

Certification

14. Vos produits sont-ils certifiés ?
   O Oui   O Non

15. Si oui, précisez l'organisme de certification, la date et le label obtenu, ainsi que son coût?

Mode de travail

16. Qu'est ce que vous produisez ?

17. Quelle est la superficie de lavandin que vous cultivez ?

18. Quelle est la quantité de Lavandin que vous récolté ?

19. Pour quelle technique de récolte vous optez ?

20. En quelle saison se fait la récolte de lavandin ?

21. Quelle sont les étapes par lesquelles passe la culture de lavandin?

22. Comment vous faites l'extraction de l'huile essentielle de lavande ?

23. Quelle est la quantité d'huile essentielle que vous produisez?

24. A part la lavande que vous cultivez, est-ce que vous utilisez aussi la lavande naturelle ?
   O Oui   O Non

25. Si oui, est-ce que vous l'achetez ou vous la collectez ?
   ☐ Achat   ☐ Collecte

26. En cas d'achat, veuillez préciser la quantité et le prix ?

27. En cas de collecte, veuillez préciser la quantité et le lieu de collecte ?

28. Est ce que vous cultivez d'autres espéces de plantes?
   O Oui   O Non

29. Si Oui lesquels?

Commercialisation

30. A qui vous vendez vos produits ?

31. A quel prix vous vendez vos produits ?

32. Comment fixez-vous les prix de vos produits vendus au niveau national et international (en cas d'exportations) ?

33. Quels sont vos circuits de distribution ?

34. Quel est l'état de la demande de vos produits ?
   - ○ Trés demandé   ○ Demandé
   - ○ Moins demandé   ○ Peu demandé
   - ○ Pas du tout demandé

35. Comment présentez-vous vos produits ?

36. Quelles sont les moyens que vous utilisez pour faire connaître vos produits ?

37. Quels sont les problèmes que vous rencontrez pour commercialiser vos produits ?

Durabilité de la ressource

38. Que pensez-vous de la durabilité de la ressource?(croissance ,décroissance)

39. Quelles sont les raisons?

Valorisation éco-touristique

40. Quels sont selon vous, les possibilités de la valorisation de lavandin et de ses produits dérivées?

41. Dans quel aspect : paysage, culinaire, santé, apiculture ?

42. Est-ce que la lavande peut entrer dans la production culinaire ?

43. Est-ce qu'il y a une possibilité de partenariat entre vous et la population locale pour faire la collecte de lavande naturelle ?

44. Est-ce que vous recevez des visiteurs intéressés par la lavande ?

45. Est ce que vous pouver assurer des jpurnée scientifique autour de lavandin ?

Contraintes

46. Quelles sont les contraintes que vous avezt rencontré pour la crétion de la coopératives?

47. Quelles sont les contraintes que vous rencontrez actuellement?

Recommandations

48. Quelles sont vos recommandations pour améliorer la production de la lavande et de ses produits dérivés?

49. Quelles sont vos recommandations pour améliorer la valorisation de la lavande et de ses produits ?

Sobre Medicina Profética, Sumo de Trufa como Cura Ocular

Método de extracção do sumo de trufas

- Colocar um buraco no chão;
- Colocando carvão para queimar nele;
- Colocar as trufas nas cinzas e cobrir bem com ;
- Esperar até que a pele da trufa encolha;
- Utilizar uma seringa para extrair o sumo da trufa.

Este sumo deve ser utilizado como gotas para os olhos.

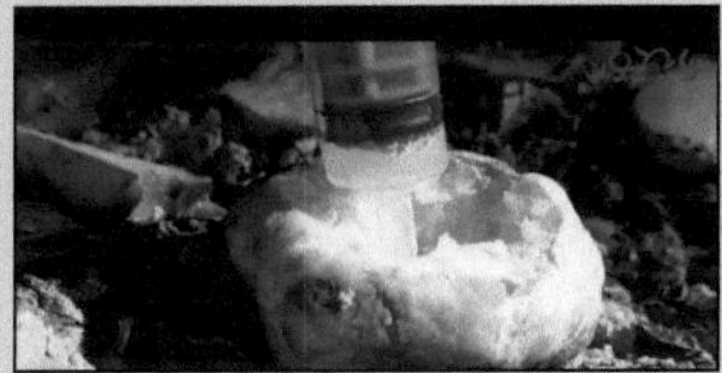

Cozinha tradicional marroquina, um prato à base de trufas

Tagina de cordeiro com trufas

➢ **Ingredientes**

- 1.300 kg de borrego em pedaços ;
- 1 Kg de terfess ;
- 1 cebola ;
- 2 dentes de alho ;
- 1/2 molho de salsa ;
- 1/2 ramo de coentros ;
- 1 colher de chá de gengibre ;
- 1 pitada de açafrão ;
- 4 colheres de sopa de azeite de oliva ;
- Pimenta, sal.

➢ **Preparação**

- Lavar bem as trufas em água fria para remover a areia. Descasque-os e coloque-os numa tigela de água. Consoante o seu tamanho, cortá-los ou deixá-los inteiros. Depois cozê-las em água com sal a ferver durante cerca de 15 minutos até ficarem tenras. Drene-os;

- **Marrom** o cordeiro de todos os lados no tajine com o óleo;

- **Acrescentar** a cebola picada, o alho picado, o gengibre, o açafrão, o sal e a pimenta e cobrir com água;

- **Cobrir** e deixar cozinhar em lume brando durante 1 hora;

- **Adicionar** a terfess cozida em água com sal, a salsa picada e os coentros;

- **Ferva em lume brando durante** mais 10 minutos.

Preparação de trufas enlatadas

Para preparar a trufa enlatada de que necessita :

- Descascar as trufas após o enxaguamento e limpá-las bem;

- Cozinhar as trufas em água com sal durante uma hora;

- Colocar as trufas cozidas numa lata com água, sal e ácido cítrico;

- Aquecer a lata a 120°C durante uma hora.

E a trufa enlatada está pronta.

Gelado de lavanda (EGK Caisse de Santé 2008)
➢ **Ingredientes** 1-2 colheres de sopa de flores de lavanda frescas (flor e cálice) 4 colheres de sopa de açúcar3 ovos1 pitada de sal 2 dl de creme simples  ➢ **Preparação** • Moer finamente as flores de lavanda e o açúcar numa varinha mágica; • Colocar o açúcar com as flores numa pequena frigideira. Aqueça sobre uma chama baixa para que a lavanda desenvolva todo o seu aroma; • Verter a mistura para uma peneira e esticá-la, esmagando-a com uma colher. Isto irá remover quaisquer grandes pedaços de flor; • Permitir que a mistura arrefeça; • Separar as claras de ovo das gemas; • Acrescentar as gemas de ovo à mistura de açúcar e bater com elas numa espuma; • Chicotear as natas a uma nata batida. Dobrá-la suavemente para a mistura de açúcar; • Acrescentar sal às claras de ovo, bater até ficar duro. Dobrar as claras de ovo na mistura; • Encher os ramequins com a mistura e congelar durante 2-3 horas.

yes
I want morebooks!

Buy your books fast and straightforward online - at one of world's fastest growing online book stores! Environmentally sound due to Print-on-Demand technologies.

Buy your books online at
www.morebooks.shop

Compre os seus livros mais rápido e diretamente na internet, em uma das livrarias on-line com o maior crescimento no mundo! Produção que protege o meio ambiente através das tecnologias de impressão sob demanda.

Compre os seus livros on-line em
www.morebooks.shop

KS OmniScriptum Publishing
Brivibas gatve 197
LV-1039 Riga, Latvia
Telefax: +371 686 204 55

info@omniscriptum.com
www.omniscriptum.com

Printed by Books on Demand GmbH, Norderstedt / Germany